建设工程造价员手工算量与实例精析系列丛书

土建工程造价员
手工算量与实例精析

本书编委会 编

中国建筑工业出版社

图书在版编目(CIP)数据

土建工程造价员手工算量与实例精析/本书编委会
编. —北京:中国建筑工业出版社,2014.9(2023.1
重印)
(建设工程造价员手工算量与实例精析系列丛书)
ISBN 978-7-112-17346-4

Ⅰ.①土… Ⅱ.①本… Ⅲ.①土木工程-工程造价
Ⅳ.①TU723.3

中国版本图书馆 CIP 数据核字(2014)第 230958 号

本书依据最新版《建设工程工程量清单计价规范》GB 50500—2013、《房屋建筑与装饰工程工程量计算规范》GB 50854—2013 进行编写,结合工程量计算实例,详细介绍了土建工程工程量手算的规则和方法。通过讲解土建工程工程量计算方法、土建工程各分项(土石方工程,桩基工程,砌筑工程,混凝土及钢筋混凝土工程,金属结构工程,木结构工程,屋面及防水工程,保温及隔热、防腐工程),土建工程工程量计价编制应用实例向读者说明如何快速计算工程量。

本书可供土建工程工程预算、工程造价与项目管理人员工作使用。

责任编辑:岳建光 张 磊
责任设计:李志立
责任校对:姜小莲 关 健

建设工程造价员手工算量与实例精析系列丛书
土建工程造价员手工算量与实例精析
本书编委会 编

*

中国建筑工业出版社出版、发行(北京西郊百万庄)
各地新华书店、建筑书店经销
北京科地亚盟排版公司制版
北京建筑工业印刷厂印刷

*

开本:787×1092毫米 1/16 印张:11¾ 字数:280千字
2015 年 1 月第一版 2023 年 1 月第十二次印刷
定价:**40.00** 元
ISBN 978-7-112-17346-4
(37477)

本书编委会

主　编　冯义显

参　编（按姓氏笔画排序）

王　芳　左丹丹　卢平平　李向敏

张　彤　房建兵　姜　媛　徐海涛

韩　旭　褚丽丽

前　言

随着我国城市建设速度的不断加快，工程投资管理工作日益受到人们的重视。如何做好工程预结算审核工作、合理确定工程造价，使有限的投入发挥最大的效力已成为迫切需要解决的问题。工程量计算是确定工程造价的基础工作，其精确度和快慢程度直接影响工程造价的质量与速度。自我国实行工程量计算方法以来，手工算量一直是我国工程量算量主体，算量人员参与整个算量过程，即使发生错误也一般局限于很小的范围和领域，更改错误并不困难，相应的算量人员对计算结果比较信赖。在手工算量的长期应用和发展过程中，算量人员在算量过程中积累了丰富的工程量计算经验，并总结形成了许多速算方法和速算表格，给算量提供了极大方便，并在很大程度上提高了算量速度。

本书共分为 10 章，内容包括土建工程工程量计算方法，土石方工程手工算量与实例精析，桩基工程手工算量与实例精析，砌筑工程手工算量与实例精析，混凝土及钢筋混凝土工程手工算量与实例精析，金属结构工程手工算量与实例精析，木结构工程手工算量与实例精析，屋面及防水工程手工算量与实例精析，保温、隔热、防腐工程手工算量与实例精析，土建工程工程量计价编制应用实例。在内容编写上，本书将土建工程中常用的手算公式与根据实际工作总结的计算公式相结合，向读者说明如何快速计算工程量，并对工程量手算的内容和相关规定进行了说明。本书可供土建工程工程预算、工程造价与项目管理人员工作使用。

由于编写时间仓促及编者的经验和学识有限，尽管尽心尽力，书中难免出现不足之处，恳请广大读者与专家改正和完善。

目　　录

1 土建工程工程量计算方法

1.1 工程量计算基础

1.1.1 工程量的概念及计算依据

1. 工程量的概念

工程量是以规定的物理计量单位或自然计量单位所表示的各个具体分项工程或构配体的数量。

物理计量单位是指法定计量单位，如长度单位"m"、面积单位"m²"、体积单位"m³"、质量单位"kg"等。自然计量单位，一般是以物体的自然形态表示的计量单位，如套、组、台、件、个等。

工程量是确定建筑工程费用、编制施工规划、安排工程施工进度、编制材料供应计划以及进行工程统计和经济核算的重要依据。

2. 工程量计算依据

为了保证工程量计算结果的统一性和可比性，防止工程结算时出现不必要的纠纷，在工程量计算时应严格按照一定的计算依据进行。主要有以下几个方面：

（1）工程量清单计价规范中详细规定了各分部分项工程中实体项目的工程量计算规则，包括项目划分、项目特征、工程内容描述、计量方法、计量单位等。分部分项工程量的计算应严格按照这一规定进行。

（2）工程设计图纸、设计说明、设计变更、图纸答疑、会审记录等。

（3）经审定的施工组织设计及施工技术方案、专项方案等。

（4）招标文件的有关说明及合同条件等。

1.1.2 工程量计算顺序

根据编制工程造价的经验，计算工程量应按照一定的顺序依次进行，既可以节省看图时间，加快计算进度，又可以避免漏算或重复计算。工程量计算的顺序包括单位工程工程量的计算顺序和单个分项工程工程量的计算顺序两种情况。

1. 单位工程工程量的计算顺序

（1）按施工顺序计算法

按施工顺序计算法就是按照工程施工顺序的先后次序来计算工程量。如一般民用建筑，按照土方、基础、墙体、脚手架、地面、楼面、屋面、门窗安装、外抹灰、内抹灰、刷浆、油漆、玻璃等顺序进行计算。这种方法要求预算人员具有一定的施工经验，否则容易漏项。

（2）按定额顺序计算法

按定额顺序计算工程量法就是按照预算定额上的分章或分部分项工程的顺序来计算工

程量。这种计算顺序对初学编制预算的人员尤为合适，应用该法不容易漏项。

2. 单个分项工程工程量的计算顺序

（1）按照顺时针方向计算法

即计算某个分项工程的工程量时先从平面图的左上角开始，自左至右，然后再由上而下，最后转回到左上角为止，这样按顺时针方向转圈依次进行，直到完成某个分项工程工程量的计算。挖地槽、基础、墙基垫层、外墙、地面、顶棚等分项工程，一般按照此顺序进行计算（图1-1）。

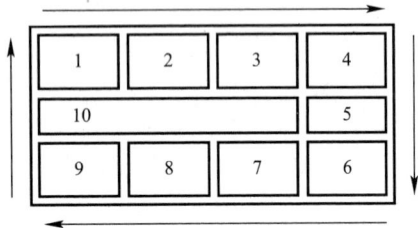

图1-1 按照顺时针方向计算法

（2）按横竖上下左右顺序计算法

此法就是在平面图上从左上角开始，按"先横后竖、从上而下、自左到右"的顺序进行计算工程量。一般计算内墙的挖基槽、基础垫层、砖石基础、砖墙砌筑、门窗过梁、墙面抹灰等分项工程，均可按这种顺序计算（图1-2）。

（3）按图纸分项编号顺序计算法

此法就是按照图纸上所注结构构件、配件的编号顺序进行工程量的计算。混凝土构件、门窗等构件类分部分项工程，均可照此顺序进行。

（4）按定位轴线编号计算

对于比较复杂的建筑工程，按设计图纸上标注的定位轴线编号顺序计算。这样不易出现漏项或重复计算，并可将各工程子项所在的位置标注出来，如图1-3所示。

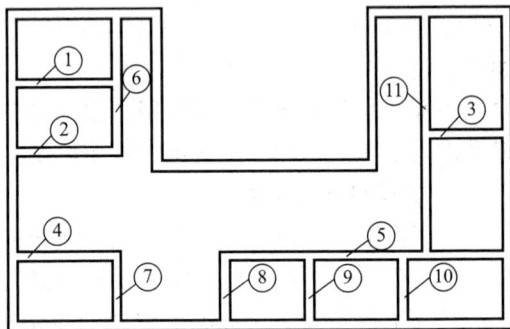

图1-2 按横竖上下左右顺序计算法

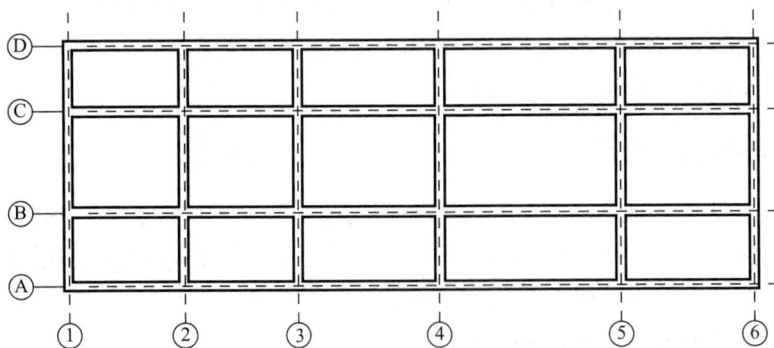

图1-3 按定位轴线编号计算

例如，计算图中轴线Ⓐ上的外墙，可标记为外墙轴Ⓐ上①→⑥；①轴上的外墙，则标记为外墙①轴上Ⓐ→Ⓓ。

对于门窗、金属结构、预制构件等大量标准构件可用列表法，根据其型号、规格、尺寸、强度等级等分别统计汇总。

2

1.1.3 工程量计算步骤及原则

1. 计算工程量的步骤

一般情况下应按下列步骤计算各分部分项工程的工程量：

（1）列出计算式

工程项目列出后，根据施工图所示的部位、尺寸和数量，按照一定的计算顺序和工程量计算规则，列出该分项工程量计算式。计算式应力求简单明了，并按一定的次序排列，便于审查核对。例如，计算面积时，应该为：宽×高；计算体积时，应该为：长×宽×高。

（2）演算计算式

分项工程量计算式全部列出后，对各计算式进行逐式计算，工程量的计算结果，除木材、钢材取三位小数外，其余一般取两位小数。然后再累计各算式的数量，其和就是该分项工程的工程量，将其填入工程量计算表中的"计算结果"栏内。

（3）调整计量单位

计算所得工程量，一般都是以"m"、"m²"、"m³"或"kg"为计量单位，但预算定额往往是以 100m、100m²、100m³ 或 10m、10m²、10m³ 或"t"等为计量单位。这时，就要将计算所得的工程量，按照预算定额的计量单位进行调整，使分项工程计算结果的计量单位与预算定额的计量单位相一致。

2. 计算工程量的原则

计算工程量的过程中必须遵循如下原则：

（1）计算口径必须一致

根据施工图列出的分项工程项目的口径（分项工程项目所包括的工作内容及范围），必须与预算定额中相应分项工程项目的口径相一致，才能准确地套用预算定额单价。

（2）计算规则必须一致

即工程量的计算规则必须与现行定额规定的计算规则一致。现行定额规定的工程量计算规则是综合和确定定额各项消耗指标的依据，必须严格遵守才能使计算出的工料消耗量及分项工程费用符合工程实际。例如，一砖半砖墙的厚度一般施工图中所标注出的尺寸是370mm，但应以计算规则所规定的 365mm 进行计算。

（3）计量单位必须一致

即工程量计算结果的计量单位必须保持与预算定额中规定的计量单位相一致。只有这样才能准确地套用预算定额中的预算单价。

（4）必须列出计算式

只有计算式正确才能保证计算结果的准确，列出计算式便于计算、校验和复核。在列计算式时，应当表达清楚，详细标出计算式各项内容，注明计算结构构件的所在部位和轴线（例如：轴线④上①→⑨的外墙等），并写在计算式上，作为计算底稿。工程量计算式，应力求简单明了，醒目易懂，并要按一定的次序排列，以便于审核和校对。

（5）计算必须准确

工程量计算的精度将直接影响着预算造价的精度，因此数量计算要准确，一般规定工程量的结余数，除土石方、整体面层、刷浆、油漆等可以取整数外，其他工程取小数后两位（小数可以四舍五入），但木结构和金属结构工程应取到小数点后三位。

（6）必须自我检查复核

工程量计算完毕后，必须进行自我复核。检查其项目、算式、数据及小数点等有无错误和遗漏，以避免疏漏产生的错误，防止预算审查时返工重算。

1.1.4 统筹法计算工程量

由于分项工程量之间有一定联系，因而有些基础数据在计算过程中会多次重复使用，如体长度和建筑面积。因此"线"和"面"是计算工程量常用的基数，在计算中要多次重复使用。统筹法计算工程量就是利用常用的基数重复使用这一特点，合理巧妙地安排相关各分项工程工程量的计算次序，达到充分合理利用基数连续计算的目的。即通过统筹安排计算程序，来简化计算工作量，从而加快预算编制速度。

1. 基数的定义与计算

（1）基数

基数是指在建筑工程的工程量计算中反复多次使用的"三线一面"四个数据。即外墙外边线 $L_{外}$、外墙中心线 $L_{中}$、内墙净长线 $L_{内}$ 和底层建筑面积 S。

先行计算基数的目的是，提前算出以供多次使用，加快编制预算的速度。

（2）线基数的计算

1）外墙中心线 $L_{中}$。外墙中心线 $L_{中}$ 即建筑平面图中建筑物外墙中心线的总长度，其计算公式为：

$$L_{中} = L_{外} - 墙厚 \times 4$$

2）内墙净长线 $L_{内}$。内墙净长线 $L_{内}$ 即建筑平面图中相同厚度内墙净长度之和。对于多层建筑物而言，由于各楼层内墙的设置不尽相同，所以各楼层的 $L_{内}$ 是不同的，应分层计算。

3）外墙外边线 $L_{外}$。外墙外边线 $L_{外}$ 即建筑平面图中的建筑物外围周长之和。

与这三个基数有关的计算项目有：

与外墙中心线 $L_{中}$ 有关的分项工程：包括外墙基挖地槽、基础垫层、基础砌筑、墙基防潮层、基础梁、圈梁、墙身砌筑女儿墙等。应注意由于不同厚度墙体的定额单价不同，所以 $L_{中}$ 应按不同墙厚分别计算，如 $L_{中37}$、$L_{中24}$。

与内墙净长线 $L_{内}$ 有关的分项工程：包括内墙基挖地槽、基础垫层、基础砌筑、墙基防潮层、基础梁、圈梁、墙身砌筑、墙身抹灰等分项工程。注意由于不同厚度墙体单价不同，所以 $L_{内}$ 也应按不同墙厚分别计算，如 $L_{内24}$、$L_{内37}$。

与外墙外边线 $L_{外}$ 有关的分项工程：包括平整场地、挑檐、勒脚、腰线、勾缝、外墙抹灰、散水等分项工程。

（3）面基数的计算

"面"是指建筑物的底层建筑面积，用代号 S 表示，要结合建筑物的造型按图纸计算，即：

$$S = 建筑物底层平面图勒脚以上结构的外围水平投影面积$$

与"面"有关的计算项目有：平整场地、地面、楼面、屋面和顶棚等分项工程。

2. 利用基数连续计算

该法就是以"线"或"面"为基数，利用连乘或加减，连续计算出多个分项工程的工程量。也就是：把这三条"线"和一个"面"先计算好，作为基数，然后利用这些基数再计算与它们有关的其他分项工程量。例如：以外墙中心线长度为基数，可以连续计算出与该基数有关的地槽挖土、墙基垫层、墙基砌体、墙基防潮层等分项工程的工程量。其计算顺序如图1-4所示。

①—地槽挖土(m³)——②—墙基垫层(m³)——③—墙基砌体(m³)——④—墙基防潮层(m²)——⑤
$L_{中}$×断面　　　　　$L_{中}$×断面　　　　　$L_{中}$×断面　　　　　$L_{中}$×墙顶宽度

图1-4　利用基数连续计算

3. 统筹安排优化顺序

工程量计算顺序是否合理，直接关系着预算工作的效率高低，进度快慢。工程量的计算，按上述一般的程序，大多数是按施工顺序或定额顺序进行。总体上这是合理的，但全部按施工顺序或定额顺序逐项进行工程量计算，会造成部分分项工程不符合统筹安排的规律，有时会造成计算上的重复。因此在总体安排工程量计算顺序的基础上，要统筹安排，进一步优化程序，使计算顺序更加合理。例如，室内地面工程有挖土、垫层、找平层及抹面层等4道工序。如果按施工顺序或定额顺序计算工程量，则顺序如图1-5所示。

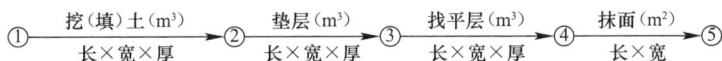

①—挖(填)土(m³)——②—垫层(m³)——③—找平层(m³)——④—抹面(m²)——⑤
长×宽×厚　　　　长×宽×厚　　　　长×宽×厚　　　　长×宽

图1-5　按施工顺序计算工程量

这样，"长×宽"就要进行4次重复计算。为减少重复计算，如改用统筹法合理安排顺序，则顺序如图1-6所示。

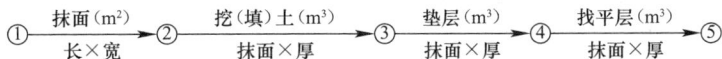

①—抹面(m²)——②—挖(填)土(m³)——③—垫层(m³)——④—找平层(m³)——⑤
长×宽　　　　抹面×厚　　　　抹面×厚　　　　抹面×厚

图1-6　按统筹法计算室内地面工程工程量

这种安排是把计算顺序进行统筹，抓住抹面这道工序，强调使前面项目的计算结果能运用于后面项目的计算，减少重复计算，"长×宽"只算一次，就把另外三道工序的工程量很方便地计算出来了。

4. 充分利用工程量计算手册和表格

对于那些不能用"线"和"面"基数进行连续计算的项目，如木门窗、屋架、钢筋混凝土预制标准构件、土方放坡断面系数等，事先组织力量，将常用数据一次算出，汇编成建筑工程量计算手册。当需计算有关的工程量时，只要查手册就能很快算出所需要的工程量来。利用列表查手册，这样可以减少烦琐而重复的计算，亦能保证准确性。

5. 其他机动方法

用"线"、"面"、"册"计算工程量，只是一般常用的工程量基本计算方法。对于那些不能用"线"和"面"基数计算的不规则的、较复杂的项目工程量的计算问题，要结合实际，灵活运用其他方法加以解决。例如，可以选择下列方法：

（1）分段计算法

如遇外墙的断面不同时，可采取分段法计算工程量。假设有三个不同的断面：Ⅰ断面、Ⅱ断面、Ⅲ断面，则基础砌体工程量为：

$$L_{中Ⅰ} \times S_Ⅰ + L_{中Ⅱ} \times S_Ⅱ + L_{中Ⅲ} \times S_Ⅲ$$

（2）补加法

例如散水宽度不同时，进行补加计算的方法。假设前后墙散水宽度 2m，山墙散水宽度 1.50m，那么首先按 1.50m 计算，再将前后墙 0.5m 散水宽度进行补加。

（3）补减计算法

如每层楼的地面面积相同，地面构造除一层门厅为水磨石地面外，其余均为水泥砂浆地面，可先按每层都是水泥砂浆地面计量各楼层的工程量，然后再减去门厅的水磨石地面工程量。

1.1.5　工程计量的影响因素与注意事项

1. 工程计量影响因素

在进行工程计量以前，应先确定以下工程计量因素。

（1）计量对象

在不同的建设阶段，有不同的计量对象，对应有不同的计量方法，所以确定计量对象是工程计量的前提。

（2）计量单位

工程计量时采用的计量单位不同，则计算结果也不同，所以工程计量前应明确计量单位。

（3）施工方案

在工程计量时，对于图纸相同的工程，往往会因为施工方案的不同而导致实际完成工程量的不同，所以工程计量前应确定施工方案。

（4）计价方式

在工程计量时，对于图纸相同的工程，采用定额的计价模式和清单的计价模式，可能会有不同的计算结果，所以在计量前也必须确定计价方式。

2. 工程计量注意事项

（1）要依据对应的工程量计算规则进行计算，包括项目名称、计量单位、计量方法的一致。

（2）熟悉设计图纸和设计说明，计算时以图纸标注尺寸为依据，不得任意加大或缩小尺寸。

（3）计算口径要一致。根据施工图列出的工程量清单项目的口径（明确清单项目的工程内容与计算范围）必须与清单计价规范中相应清单项目的口径相一致。所以计算工程量除必须熟悉施工图纸外，还必须熟悉每个清单项目所包括的工程内容和范围。

（4）注意计算列式的规范性和完整性，最好采用统一格式的工程量计算纸，并写明计算部位、项目、特征等，以便核对。

（5）注意计算过程中的顺序性，为了避免工程量计算过程中发生漏算、重复等现象，计算时可按一定的顺序进行。

（6）注意结合工程实际，工程计量前应了解工程的现场情况、拟用的施工方案、施工方法等，从而使工程量更切合实际。

（7）注意计算结果的自检和他检。工程量计算后，计算者可采用指标检查、对比检查等方法进行自检，也可请经验丰富的造价工程师进行他检。

1.2 几何形体计算

1.2.1 平面图形面积计算公式

平面图形面积计算公式见表 1-1。

平面图形面积 表 1-1

图 形		尺寸符号	面 积	重心（G）
正方形		a——边长 d——对角线	$A=a^2$ $a=\sqrt{A}=0.707d$ $d=1.414a=1.414\sqrt{A}$	在对角线交点上
长方形		a——短边 b——长边 d——对角线	$A=ab$ $d=\sqrt{a^2+b^2}$	在对角线交点上
三角形		h——高 l——1/2 周长 a、b、c——对应角 A、B、C 的边长	$A=\dfrac{bh}{2}=\dfrac{1}{2}ab\sin\alpha$ $l=\dfrac{a+b+c}{2}$	$GD=\dfrac{1}{3}BD$ $CD=DA$
平行四边形		a、b——邻边 h——对边间的距离	$A=bh=ab\sin\alpha$ $=\dfrac{\overline{AC}\cdot\overline{BD}}{2}\sin\beta$	在对角线交点上
梯形		$CE=AB$ $AF=CD$ $a=CD$（上底边） $b=AB$（下底边） h——高	$A=\dfrac{a+b}{2}h$	$HG=\dfrac{h}{3}\cdot\dfrac{a+2b}{a+b}$ $KG=\dfrac{h}{3}\cdot\dfrac{2a+b}{a+b}$
圆形		r——半径 d——直径 p——圆周长	$A=\pi r^2\dfrac{1}{4}\pi d^2$ $=0.785d^2=0.07958p^2$ $p=\pi d$	在圆心上
椭圆形		a、b——主轴	$A=\dfrac{\pi}{4}ab$	在主轴交点 G 上
扇形		r——半径 l——弧长 α——弧的对应中心角	$A=\dfrac{1}{2}rl=\dfrac{\alpha}{360}\pi r^2$ $l=\dfrac{\alpha\pi}{180}r$	$GO=\dfrac{2}{3}\cdot\dfrac{rb}{l}$ 当 $a=90°$ 时， $GO=\dfrac{4}{3}\dfrac{\sqrt{2}}{\pi}r\approx0.6r$

7

图　形	尺寸符号	面　积	重心（G）
弓形	r——半径 l——弧长 α——中心角 b——弦长 h——高	$A=\dfrac{1}{2}r^2\left(\dfrac{\alpha\pi}{180}-\sin\alpha\right)$ $=\dfrac{1}{2}\left[r\left(l-b\right)+bh\right]$ $l=r\alpha\dfrac{\pi}{180}=0.0175r\alpha$ $h=r-\sqrt{r^2-\dfrac{1}{4}\alpha^2}$	$GO=\dfrac{1}{12}\cdot\dfrac{b^2}{A}$ 当 $\alpha=180°$时， $GO=\dfrac{4r}{3\pi}r$ $=0.4244r$
圆环	R——外半径 l——内半径 D——外直径 d——内直径 t——环宽 D_{pj}——平均直径	$A=\pi\left(R^2-r^2\right)$ $=\dfrac{\pi}{4}\left(D^2-d^2\right)$ $=\pi D_{pj}t$	在圆心 O
部分圆环	R——外半径 r——内半径 D——外直径 d——内直径 t——环宽 R_{pj}——圆环平均半径	$A=\dfrac{\alpha\pi}{360}\left(R^2-r^2\right)$ $=\dfrac{\alpha\pi}{360}R_{pj}t$	$GO=38.2\times$ $\dfrac{R^3-r^3}{R^2-r^2}\times\dfrac{\sin\dfrac{\alpha}{2}}{\dfrac{\alpha}{2}}$
抛物线形	b——底边 h——高 l——曲线长 S——△ABC的面积	$l=\sqrt{b^2+1.3333h^2}$ $A=\dfrac{2}{3}bh=\dfrac{4}{3}S$	
等边多边形	a——边长 K_i——系数，i指多边形的边数	$A=K\cdot a^2$ 三边形 $K_3=0.433$ 四边形 $K_4=1.000$ 五边形 $K_5=1.720$ 六边形 $K_6=2.598$ 七边形 $K_7=3.614$ 八边形 $K_8=4.828$ 九边形 $K_9=6.182$ 十边形 $K_{10}=7.694$	在内、外接圆心处

1.2.2　多面体体积和表面积计算

多面体体积和表面积计算见表 1-2。

多面体的体积和表面积　　　　　　　　　　表 1-2

图　形	尺寸符号	体积（V）底面积（A） 表面积（S）侧表面积（S_1）	重心（G）
立方体	a——棱 d——对角线 S——表面积 S_1——侧表面积	$V=a^3$ $S=6a^2$ $S_1=4a^2$	在对角线交点上

图　形	尺寸符号	体积（V）底面积（A）表面积（S）侧表面积（S_1）	重心（G）
长方体（棱柱）		a、b、h——边长 O——底面对角线交点	$V=abh$ $S=2(ab+ah+bh)$ $S_1=2h(a+b)$	$GO=\dfrac{h}{2}$
三棱柱		a、b、c——边长 h——高 A——底面积 O——底面中线交点	$V=Ah$ $S=(a+b+c)h+2A$ $S_1=(a+b+c)h$	$GO=\dfrac{h}{2}$
棱锥		f——一个组合三角形的面积 n——组合三角形的个数 O——锥底各对角线交点	$V=\dfrac{1}{3}Ah$ $S=nf+A$ $S_1=nf$	$GO=\dfrac{h}{4}$
棱台		A_1、A_2——两平行底面的面积 h——底面间的距离 a——一个组合梯形的面积 n——组合梯形数	$V=\dfrac{1}{3}h(A_1+A_2+\sqrt{A_1A_2})$ $S=an+A_1+A_2$ $S_1=an$	$GO=\dfrac{h}{4}\dfrac{A_1+2\sqrt{A_1A_2}+3A_2}{A_1+\sqrt{A_1A_2}+A_2}$
圆柱和空心圆柱（管）		R——外半径 r——内半径 t——柱壁厚度 P——平均半径 S_1——内外侧面积	圆柱： $V=\pi R^2\cdot h$ $S=2\pi Rh+2\pi R^2$ $S_1=2\pi Rh$ 空心直圆柱： $V=\pi h(R^2-r^2)$ 　　$=2\pi RPth$ $S=2\pi(R+r)h+2\pi$ 　　$\times(R^2-r^2)$ $S_1=2\pi(R+r)h$	$GO=\dfrac{h}{2}$
斜截直圆柱		h_1——最小高度 h_2——最大高度 r——底面半径	$V=\pi r^2\cdot\dfrac{h_1+h_2}{2}$ $S=\pi r(h_1+h_2)+\pi r^2$ 　　$\times\left(1+\dfrac{1}{\cos\alpha}\right)$ $S_1=\pi r(h_1+h_2)$	$GO=\dfrac{h_1+h_2}{4}$ 　　$+\dfrac{r^2\tan\alpha}{4(h_1+h_2)}$ $GK=\dfrac{1}{2}\cdot\dfrac{r^2}{h_1+h_2}\cdot\tan\alpha$
直圆锥		r——底面半径 h——高 l——母线长	$V=\dfrac{1}{3}\pi r^2 h$ $S_1=\pi r\sqrt{r^2+h^2}=\pi rl$ $l=\sqrt{r^2+h^2}$ $S=S_1+\pi r^2$	$GO=\dfrac{h}{4}$
圆台		R、r——底面半径 h——高 l——母线	$V=\dfrac{\pi h}{3}(R^2+r^2+Rr)$ $S_1=\pi l(R+r)$ $l=\sqrt{(R-r)^2+h^2}$ $S=S_1+\pi(R^2+r^2)$	$GO=\dfrac{h(R^2+2Rr+3r^2)}{4(R^2+Rr+r^2)}$

图 形	尺寸符号	体积（V）底面积（A）表面积（S）侧表面积（S₁）	重心（G）
球		$V=\frac{4}{3}\pi r^2$ $=\frac{\pi d^3}{6}=0.5236d^3$ $S=4\pi r^2=\pi d^2$	在球心上
球扁形（球楔）	r——球半径 d——弓形底圆直径 h——弓形高	$V=\frac{2}{3}\pi r^2h=2.0944r^2h$ $S=\frac{\pi r}{2}(4h+d)$ $=1.57r(4h+d)$	$GO=\frac{3}{4}\left(r-\frac{h}{2}\right)$
球缺	h——球缺的高 r——球缺半径 d——平切圆直径 $S_曲$——曲面面积 S——球缺表面积	$V=\pi r^2\left(r-\frac{h}{3}\right)$ $S_曲=2\pi rh=\pi\left(\frac{d^2}{4}+h^2\right)$ $S=\pi h(4r-h)$ $d^2=4h(2r-h)$	$GO=\frac{3}{4}\frac{(2r-h)^2}{(3r-h)}$
圆球体	R——圆环体平均半径 D——圆环体平均直径 d——圆环体截面直径 r——圆环体截半径	$V=2\pi^2R\cdot r^2$ $=\frac{1}{4}\pi^2Dd^2$ $S=4\pi^2Rr^2$ $=\pi^2Dd=39.478Rr$	在环中心上
球带体	R——球半径 r_1、r_2——底面半径 h——腰高 h_1——球心O至带底圆心O_1的距离	$V=\frac{\pi h}{b}(3r_1^2+3r_2^2+h^2)$ $S_1=2\pi Rh$ $S=2\pi Rh+\pi(r_1^2+r_2^2)$	$GO=h_1+\frac{h}{2}$
桶形	D——中间断面直径 d——底直径 l——桶高	对于抛物线形桶板： $V=\frac{\pi l}{15}$ $\times\left(2D^2+Dd+\frac{4}{3}d^2\right)$ 对于圆形桶板： $V=\frac{1}{12}\pi l(2D^2+d^2)$	在轴交点上
椭球体	a、b、c——半轴	$V=\frac{4}{3}abc\pi$ $S=2\sqrt{2b}\sqrt{a^2+b^2}$	在轴交点上
交叉圆柱体	r——圆柱半径 l_1、l——圆柱长	$V=\pi r^2\left(l+l_1-\frac{2r}{3}\right)$	在二轴线交点上
梯形体	a、b——下底边长 a_1、b_1——上底边长 h——上、下底边距离（高）	$V=\frac{h}{6}[(2a+a_1)+b+(2a_1+a)b_1]$ $=\frac{h}{6}[ab+(a+a_1)(b+b_1)+a_1b_1]$	

10

2 土石方工程手工算量与实例精析

2.1 土石方工程工程量手算方法

2.1.1 土方工程工程量

1. 平整场地工程量

（1）计算公式

1）简单图形（矩形）：S＝长×宽（m²）

2）复杂图形：S_1（m²）

3）部分地区：S＝S_1＋$L_外$×2＋16（m²）

式中　　长、宽——底层平面图外边线的长与宽（m）；

S_1——一层（底层）建筑面积（基本数据）（m²）；

$L_外$——一层外墙外边线长（基本数据）（m）；

16——四个角的面积：2×2×4＝16m²。

（2）清单工程量计算规则及说明

平整场地工程量按设计图示尺寸以建筑物首层建筑面积计算。

1）平整场地是指建筑物场地厚度≤±300cm的挖、填、运、找平。

2）地下室单层建筑面积大于首层建筑面积时，按地下室最大单层建筑面积乘以 1.4 以平方米计算；构筑物按基础底面积乘以系数 2 以平方米计算。

（3）定额工程量计算规则

1）人工平整场地是指建筑场地挖、填土方厚度在±30cm 以内及找平。挖、填土方厚度超过±30cm 以外时，按场地土方平衡竖向布置图另行计算。

2）平整场地工程量按建筑物外墙外边线每边各加 2m，以"m²"计算。

3）建筑场地原土碾压以"m²"计算，填土碾压按图示填土厚度以"m³"计算。

2. 挖一般土方工程量

（1）计算公式

$$V＝挖土底面积×挖土厚度（m³）$$

（2）工程量计算规则及说明

挖一般土方工程量按设计图示尺寸以体积计算。

1）挖土方平均厚度应按自然地面测量标高至设计地坪标高间的平均厚度确定。基础土方开挖深度应按基础垫层底表面标高至交付施工场地标高确定，无交付施工场地标高时，应按自然地面标高确定。

2）土方体积应按挖掘前的天然密实体积计算。非天然密实土方应按表 2-1 折算。

天然密实度体积	虚方体积	夯实后体积	松填体积
0.77	1.00	0.67	0.83
1.00	1.30	0.87	1.08
1.15	1.50	1.00	1.25
0.92	1.20	0.80	1.00

注：1. 虚方指未经碾压、堆积时间≤1 年的土壤。
　　2. 本表按《全国统一建筑工程预算工程量计算规则》GJDGZ-101—1995 整理。
　　3. 设计密实度超过规定的，填方体积按工程设计要求执行；无设计要求按各省、自治区、直辖市或行业建设行政主管部门规定的系数执行。

3. 挖沟槽工程量

（1）人工挖地槽（放坡）（图 2-1）

1）计算公式：

$$V = L_槽 \times (B + 2C) \times H + L_槽 \times KH^2 (\text{m}^3)$$

式中　K——放坡系数，见表 2-2；

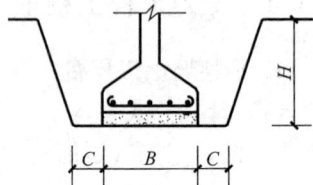

图 2-1　人工挖地槽（放坡）示意图

　　　　$L_槽$——地槽长（m）；

　　　　B——基础垫层宽度（m）；

　　　　C——工作面宽度（m）；

　　　　H——挖土深度（m），从室外地坪至垫层底面的高度。

土类别	放坡起点（m）	人工挖土	机械挖土		
			在坑内作业	在坑上作业	顺沟槽在坑上作业
一、二类土	1.20	1：0.5	1：0.33	1：0.75	1：0.5
三类土	1.50	1：0.33	1：0.25	1：0.67	1：0.33
四类土	2.00	1：0.25	1：0.10	1：0.33	1：0.25

注：1. 沟槽、基坑中土类别不同时，分别按其放坡起点、放坡系数、依不同土类别厚度加权平均计算。
　　2. 计算放坡时，在交接处的重复工程量不予扣除，原槽、坑作基础垫层时，放坡自垫层上表面开始计算。

2）清单工程量计算规则及说明：人工挖地槽（放坡）工程量按设计图示尺寸以基础垫层底面积乘以挖土深度计算。

沟槽、基坑、一般土方的划分为：底宽≤7m 且底长>3 倍底宽为沟槽；底长≤3 倍底宽且底面积≤150m² 为基坑；超出上述范围则为一般土方。

3）定额工程量计算规则及说明：

① 沟槽、基坑划分：

a. 凡图示沟槽底宽在 3m 以内，且沟槽长大于槽宽 3 倍以上的，为沟槽。

b. 凡图示基坑底面积在 20m² 以内的为基坑。

c. 凡图示沟槽底宽 3m 以外，坑底面积 20m² 以外，平整场地挖土方厚度在 30cm 以外，均按挖土方计算。

② 外墙地槽长度按图示尺寸的中心线计算；内墙地槽长度按图示尺寸的地槽净长线计算，其突出部分应并入地槽工程量内计算。各种检查井和排水管道接口处，因加宽而增加的土方工程量，应按相应管道沟槽全部土方工程量增加 2.5％计算。

③ 地下室墙基地槽深度，系从地下室挖土底面计算至槽底。管道沟的深度，按分段间的地面平均自然标高减去管道底皮的平均标高计算。

（2）人工挖地槽（不放坡）（图 2-2）

1）计算公式：

$$V = L_槽 \times (B + 2C) \times H (m^3)$$

式中　$L_槽$——地槽长（m）；

　　　B——基础垫层宽度（m）；

　　　C——工作面宽度（m），见表 2-3；

　　　H——挖土深度（m），从室外地坪至垫层底面的高度。

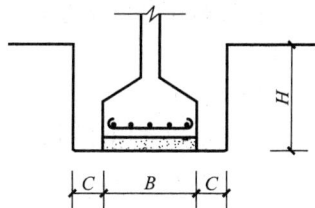

图 2-2　人工挖地槽（不放坡）示意图

基础施工所需工作面宽度计算表　　　　　　　　　　表 2-3

基础材料	每边各增加工作面宽度（mm）
砖基础	200
浆砌毛石、条石基础	150
混凝土基础垫层支模板	300
混凝土基础支模板	300
基础垂直面做防水层	1000（防水层面）

注：本表按《全国统一建筑工程预算工程量计算规则》GJDGZ-101—1995 整理。

2）清单工程量计算规则及说明：人工挖地槽（不放坡）工程量按设计图示尺寸以基础垫层底面积乘以挖土深度计算。

3）定额工程量计算规则及说明：

① 外墙地槽长度 $L_槽$ 按图示尺寸的中心线计算；内墙地槽长度按图示尺寸的地槽净长线计算。其突出部分应并入地槽工程量内计算。

② 各种检查井和排水管道接口处，因加宽而增加的土方工程量，应按相应管道沟槽全部土方工程量增加 2.5% 计算。

③ 地下室墙基地槽深度，系从地下室挖土底面计算至槽底。管道沟的深度，按分段间的地面平均自然标高减去管道底皮的平均标高计算。

4. 圆形基坑工程量

（1）圆形基坑（放坡）（图 2-3）

1）计算公式：

$$V = \frac{1}{3}\pi H \times (R_1^2 + R_2^2 + R_1 R_2)$$

$$= \frac{1}{3}\pi H \times (3R_1^2 + 3R_1 KH + K^2 H^2)(m^3)$$

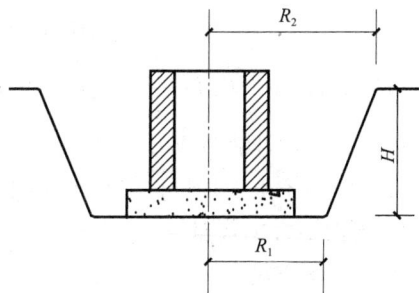

图 2-3　圆形基坑（放坡）示意图

式中　R_1——坑下底半径（m），需工作面时工作面宽度 C 含在 R_1 内；

　　　R_2——坑上口半径（m），$R_2 = R_1 + KH$；

　　　H——坑深（m）；

　　　K——放坡系数，见表 2-2。

2）计算规则：圆形基坑（放坡）工程量按设计图示尺寸以基础垫层底面积乘以挖土深度计算。

3）相关说明：

① 凡图示底面积在 $20m^2$ 内的挖土为挖基坑。

② 在挖土方、槽、坑时，如遇不同土壤类别，应根据地质勘测资料分别计算。边坡放坡系数可根据各土壤类别及深度加权取定。

③ 人工挖基坑深超过 3m 时应分层开挖，底分层按深 2m、层间每侧留工作台 0.8m 计算。

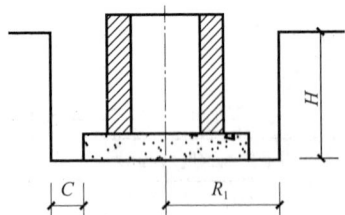

图 2-4 圆形基坑（不放坡）示意图

（2）圆形基坑（不放坡）（图 2-4）

1）计算公式：

$$V = \pi R_1^2 H \, (m^3)$$

式中　π——圆周率；

R_1——坑半径（m）；

H——坑深（m）。

2）工程量计算规则及说明：

① 圆形基坑（不放坡）工程量按设计图示尺寸以基础垫层底面积乘以挖土深度计算。

② 计算时先计算圆形基坑的半径（包括工作面），再将算出的基坑的投影面积与其高度相乘得出体积值。

5. 复杂图形挖土工程量

（1）计算公式

$$V = F_{垫层}H + (L_{垫外} \times C + 4C^2) \times H + \frac{1}{2}L_{C外}KH^2 + \frac{4}{3}K^2H^3 \, (m^3)$$

式中　　　　　　$F_{垫层}$——垫层面积（m^2）；

$F_{垫层}H$——垫层上的挖土体积（m^3）；

$L_{垫外}$——垫层外边线周长（m）；

C——工作面宽度（m）；

$(L_{垫外} \times C + 4C^2) \times H$——工作面上的挖土体积（$m^3$）；

$L_{C外}$——工作面的外边线长（m）；

$\frac{1}{2}L_{C外}KH^2 + \frac{4}{3}K^2H^3$——放坡的体积（$m^3$）。

（2）工程量计算规则及说明

复杂图形挖土工程量按设计图示尺寸以体积计算。

6. 管沟土方工程量

（1）计算公式

不放坡：

$$V = 沟长 \times 沟宽 \times 沟深 \, (m^3)$$

放坡：

$$V = 沟长 \times 沟宽 \times 沟深 + 沟长 \times K \times 沟深^2 \, (m^3)$$

（2）清单工程量计算规则及说明

1）管沟土方工程量按设计图示以管道中心线长度计算。

2）管沟土方工程量按设计图示管底垫层面积乘以挖土深度计算；无管底垫层按管外径的水平投影面积乘以挖土深度计算。不扣除各类井的长度，井的土方并入。

（3）定额工程量计算规则及说明

1）管沟土方工程量按挖方尺寸以体积计算。

2）计算时，管沟长按图示尺寸，沟深按分段的平均深度（自然地坪至管底或基础底），沟宽按设计规定计算，设计未规定时，可按表 2-4 规定宽度计算。

管道地沟沟底宽度计算 表 2-4

管径（mm）	铸铁管、钢管 石棉水泥管	混凝土、钢筋混凝土、 预应力混凝土管	陶土管
50～70	0.60	0.80	0.70
100～200	0.70	0.90	0.80
250～350	0.80	1.00	0.90
400～450	1.00	1.30	1.10
500～600	1.30	1.50	1.40
700～800	1.60	1.80	—
900～1000	1.80	2.00	—
1100～1200	2.00	2.30	—
1300～1400	2.20	2.60	—

注：1. 按上表计算管道沟土方工程量时，各类井及管道（不含铸铁给排水管）接口等处需加宽增加的土方量不另行计算，底面积大于 20m² 的井类，其增加工程量并入管沟土方内计算。
　　2. 铺设铸铁给排水管道时其接口等处土方增加量，可按铸铁给排水管道地沟土方总量的 2.5％ 计算。

3）管沟施工每侧所需工作面宽度计算表见表 2-5。

管沟施工每侧所需工作面宽度计算表 表 2-5

管道结构宽（mm） 管沟材料	≤500	≤1000	≤2500	＞2500
混凝土及钢筋混凝土管道（mm）	400	500	600	700
其他材质管道（mm）	300	400	500	600

注：1. 本表按《全国统一建筑工程预算工程量计算规则》GJDGZ-101—1995 整理。
　　2. 管道结构宽：有管座的按基础外缘，无管座的按管道外径。

2.1.2 石方工程工程量

1. 挖一般石方

挖一般石方工程量按设计图示尺寸以体积计算。

2. 挖沟槽石方

挖沟槽石方工程量按设计图示尺寸沟槽底面积乘以挖石深度以体积计算。

3. 挖基坑石方

挖基坑石方工程量按设计图示尺寸基坑底面积乘以挖石深度以体积计算。

4. 挖管沟石方

挖管沟石方工程量按设计图示以管道中心线长度计算。或按设计图示截面积乘以长度计算。

5. 相关说明

（1）石方工程工程量计算公式可参考上述"土方工程"。

（2）岩石开凿及爆破工程量，按不同石质采用不同方法计算：

1）人工凿岩石，按图示尺寸以 m^3 计算。

2）爆破岩石按图示尺寸以"m^3"计算，其沟槽、基坑深度、宽度允许超挖量：次坚石为 200mm，特坚石为 150mm，超挖部分岩石并入岩石挖方量之内计算。

（3）挖石应按自然地面测量标高至设计地坪标高的平均厚度确定。基础石方开挖深度应按基础垫层底表面标高至交付施工现场地标高确定，无交付施工场地标高时，应按自然地面标高确定。

（4）沟槽、基坑、一般石方的划分为：底宽≤7m 且底长>3 倍底宽为沟槽；底长≤3 倍底宽且底面积≤150m² 为基坑；超出上述范围则为一般石方。

（5）石方体积应按挖掘前的天然密实体积计算。非天然密实石方应按表 2-6 折算。

石方体积折算系数表　　　　　　　　　　　　　　　　表 2-6

石方类别	天然密实度体积	虚方体积	松填体积	码方
石方	1.0	1.54	1.31	—
块石	1.0	1.75	1.43	1.67
砂夹石	1.0	1.07	0.94	—

注：本表按《爆破工程消耗量定额》GYD-102—2008 整理。

2.1.3　回填工程量

1. 回填方工程量

（1）计算公式

1）场地回填：

$$V＝回填面积×回填土厚$$

2）室内（房心）回填：

$$V＝室内净面积×（设计室内地坪标高 － 设计室外地坪标高$$
$$－ 地面面层厚 － 地面垫层厚）$$
$$＝室内净面积×回填土厚$$

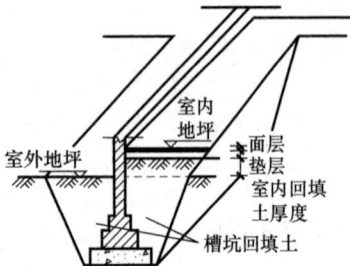

图 2-5　沟槽、基坑回填土

3）基础回填（图 2-5）：

$$V＝挖土体积 －（设计室外地坪以下垫层$$
$$＋基础＋管、沟外形体积）$$

（2）清单工程量计算规则及说明

回填方工程量按设计图示尺寸以体积计算：

1）场地回填：回填面积乘平均回填厚度。

2）室内回填：主墙间面积乘回填厚度，不扣除间隔墙。

3）基础回填：按挖方清单项目工程量减去自然地坪以下埋设的基础体积（包括基础垫层及其他构筑物）。

（3）定额工程量计算规则及说明

土（石）方回填土区分夯填、松填，按图示回填体积并按下列规定，以"m³"计算：

1）沟槽、基坑回填土，沟槽、基坑回填体积以挖方体积减去设计室外地坪以下埋设砌筑物（包括：基础垫层、基础等）体积计算。

2）管道沟槽回填，以挖方体积减去管径所占体积计算。管径在 500mm 以下的不扣除管道所占体积；管径超过 500mm 以上时，按表 2-7 规定扣除管道所占体积计算。

管道扣除土方体积表

表 2-7

管道直径（mm）	钢管	铸铁管	混凝土管
501～600	0.21	0.24	0.33
601～800	0.44	0.49	0.60
801～1000	0.71	0.77	0.92
1001～1200	—	—	1.15
1201～1400	—	—	1.35
1401～1600	—	—	1.55

3）房心回填土，按主墙之间的面积乘以回填土厚度计算。

2. 余方弃置工程量

（1）计算公式

$$V＝挖土工程量－回填土工程量－房心填土工程量（m³）$$

即：

$$V＝挖土工程量－回填土工程量－室内净面积×（室内外高差－地面厚）（m³）$$

式中　房心填土工程量——此处也可以先空着，待地面工程量计算中算出后将数值抄过来。

（2）工程量计算规则

余方弃置工程量按挖方清单项目工程量减利用回填方体积（正数）计算。

（3）相关说明

1）计算结果为正值时为余土外运体积，负值时为取土体积。土、石方运输工程量按整个单位工程中外运和内运的土方量一并考虑。

2）挖出的土如部分用于灰土垫层时，这部分土的体积在余土外运工程量中不予扣除。

3）大孔性土壤应根据实验室的资料，确定余土和取土工程量。

4）因场地狭小，无堆土地点，挖出的土方运输，应根据施工组织设计确定的数量和运距计算。

2.2　土石方工程工程量手算参考公式

2.2.1　大型土（石）方工程工程量计算方法

1. 大型土（石）方工程工程量横截面计算法

横截面计算方法适用于地形起伏变化较大或形状狭长地带。首先，根据地形图以及总平面图，将要计算的场地划分成若干个横截面，相邻两个横截面距离视地形变化而定。在起伏变化大的地段，布置密一些（即距离短一些），反之则可适当长一些。变化大的地段再加测断面，然后，实测每个横截面特征点的标高，量出各点之间距离（若测区已有比较精确的大比例尺地形图，也可在图上设置横截面，用比例尺直接量取距离，按等高线求算高程，方法简捷，但是其精度没有实测的高），按比例尺把每个横截面绘制到厘米方格纸上，并且套上相应的设计断面，则自然地面和设计地面两轮廓线之间的部分，就是需要计算的施工部分。

具体的计算步骤如下：

（1）划分横截面：根据地形图（或直接测量）以及竖向布置图，将要计算的场地划分横截面 A—A′，B—B′，C—C′……划分原则为取垂直等高线或垂直主要建筑物边长，横截面之间的间距可不等，地形变化复杂的间距宜小，反之宜大一些，但是不宜超过100m。

（2）画截面图形：按比例画制每个横截面自然地面和设计地面的轮廓线。设计地面轮廓线之间的部分，就是填方和挖方的截面。

（3）计算横截面面积：按照表 2-8 中的面积计算公式，计算每个截面的填方或挖方截面积。

常用横截面计算公式 表 2-8

序 号	图 示	面积计算公式
1	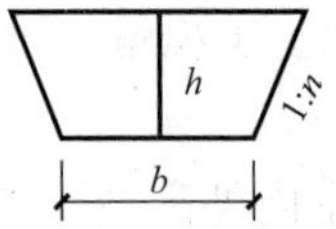	$F=h(b+nh)$
2	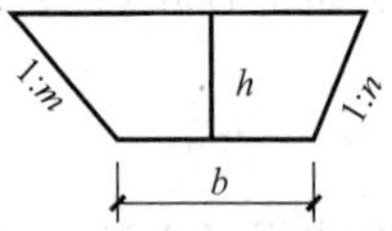	$F=h\left[b+\dfrac{h(m+n)}{2}\right]$
3	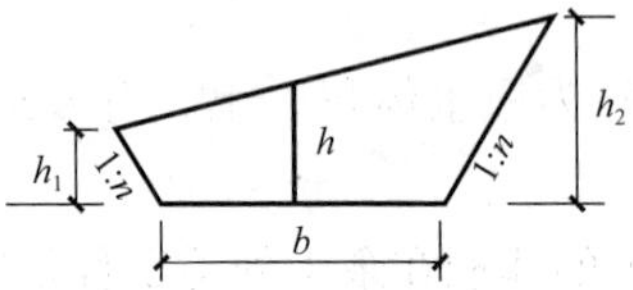	$F=b\dfrac{h_1+h_2}{2}+nh_1h_2$
4	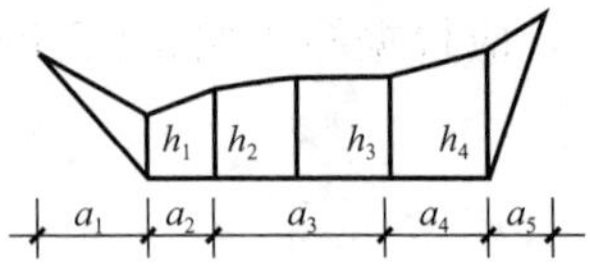	$F=h_1\dfrac{a_1+a_2}{2}+h_2\dfrac{a_2+a_3}{2}+h_3\dfrac{a_3+a_4}{2}+h_4\dfrac{a_4+a_5}{2}$
5	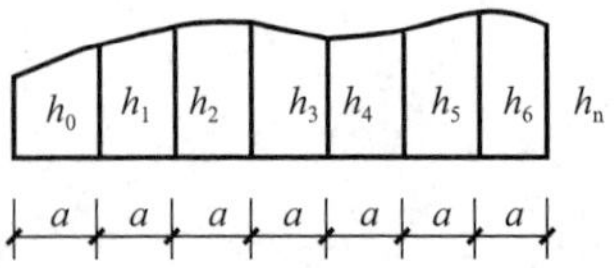	$F=\dfrac{a}{2}(h_0+2h+h_n)$ $h=h_1+h_2+h_3+\cdots+h_n$

（4）根据截面面积计算土方量，计算公式如下：

$$V = \frac{1}{2}(F_1 + F_2) \times L$$

式中　V——相邻两截面间的土方量（m³）；

　　F_1、F_2——相邻两截面的挖（填）方截面积（m²）；

　　L——相邻两截面间的间距（m）。

（5）按土方量汇总（表 2-9）：如图 2-6 中截面 A—A′所示，设桩号 0+0.000 的填方横截面积为 2.70m²，挖方横截面积为 3.80m²；截面 B—B′，桩号 0+0.200 的填方横断面积为 2.25m³，挖方横截面面积为 6.65m²，两桩间的距离为 30m，则其挖填方量各为：

图 2-6　相邻两截面示意图

$$V_{挖方} = \frac{1}{2} \times (3.80 + 6.65) \times 30 = 156.75 m^3$$

$$V_{填方} = \frac{1}{2} \times (2.70 + 2.25) \times 30 = 74.25 m^3$$

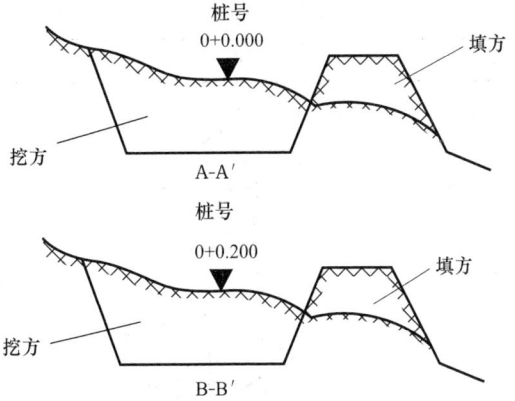

土方量汇总　　　　　　　　　　　　　　　表 2-9

断面	填方面积（m²）	挖方面积（m²）	截面间距（m）	填方体积（m³）	挖方体积（m³）
A—A′	2.70	3.80	30	40.5	57
B—B′	2.25	6.65	30	33.75	99.75
合计				74.25	156.75

2. 大型土（石）方工程工程量方格网计算法

（1）根据需要平整区域的地形图（或直接测量地形）划分方格网。方格的大小视地形变化的复杂程度以及计算要求的精度不同而异，通常方格的大小为 20m×20m（也可 10m×10m）。然后按照设计（总图或竖向布置图）要求，在方格网上套划出方格角点的设计标高（即施工后需达到的高度）和自然标高（原地形高度）。设计标高与自然标高之差即施工高度，"一"表示挖方，"十"表示填方。

（2）若方格内相邻两角一为填方、一为挖方，则按比例分配计算出两角之间不挖不填的"零"点位置，并标于方格边上。再将各"零"点用直线连起来，即可将建筑场地划分为填方区和挖方区。

（3）土石方工程量的计算公式可参照表 2-10。若遇陡坡等突然变化起伏地段，由于高低悬殊，需视具体情况另行补充计算。

方格网点常用计算公式　　　　　　　　　　表 2-10

序号	图　　示	计 算 方 法
1		方格内四角全为挖方或填方： $$V = \frac{a^2}{4}(h_1 + h_2 + h_3 + h_4)$$

序号	图 示	计 算 方 法
2		三角锥体，当三角锥体全为挖方或填方： $$F = \frac{a^2}{2}$$ $$V = \frac{a^2}{6}(h_1 + h_2 + h_3)$$
3		方格网内，一对角线为零线，另两角点一为挖方一为填方： $$F_挖 = F_填 = \frac{a^2}{2} \quad V_挖 = \frac{a^2}{6}h_1 \quad V_填 = \frac{a^2}{6}h_2$$
4		方格网内，三角为挖（填）方，一角为填（挖）方： $$b = \frac{ah_4}{h_1 + h_4}; c = \frac{ah_4}{h_3 + h_4}$$ $$F_填 = \frac{1}{2}bc \quad F_挖 = a^2 - \frac{1}{2}bc$$ $$V_填 = \frac{h_4}{6}bc = \frac{a^2 h_4^3}{6(h_1 + h_4)(h_3 + h_4)}$$ $$V_挖 = \frac{a^2}{6}-(2h_1 + h_2 + 2h_3 - h_4) + V_填$$
5		方格网内，两角为挖，两角为填： $$b = \frac{ah_1}{h_1 + h_4}; c = \frac{ah_2}{h_2 + h_3}; d = a - b; c = a - e$$ $$F_挖 = \frac{1}{2}(b+c)a \quad F_填 = \frac{1}{2}(d+e)a$$ $$V_挖 = \frac{a}{4}(h_1 + h_2)\frac{b+c}{2} = \frac{a}{8}(b+c)(h_1 + h_2)$$ $$V_填 = \frac{a}{4}(h_3 + h_4)\frac{d+e}{2} = \frac{a}{8}(d+e)(h_3 + h_4)$$

（4）将挖方区、填方区的所有方格计算出的工程量列表汇总，即为建筑场地的土石挖、填方工程总量。

2.2.2 挖沟槽土石方工程量计算

挖间槽土方工程工程量计算公式如下：

外墙沟槽：$\qquad\qquad V_挖 = S_断 L_{外中}$

内墙沟槽：$\qquad\qquad V_挖 = S_断 L_{基底净长}$

管道沟槽：$\qquad\qquad V_挖 = S_断 L_中$

其中沟槽断面有如下形式：

1. 钢筋混凝土基础有垫层

（1）两面放坡沟槽断面形式如图 2-7 所示，其断面面积：

$$S_断 = [(b + 2 \times 0.3) + mh]h + (b' + 2 \times 0.1)h'$$

20

（2）不放坡无挡土板沟槽断面形式如图 2-8 所示，其断面面积：

$$S_{断} = (b + 2 \times 0.3)h + (b' + 2 \times 0.1)h'$$

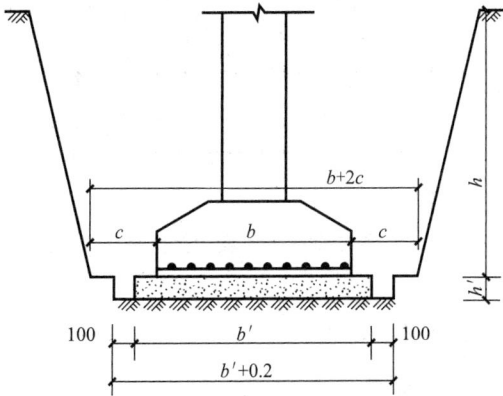

图 2-7　两面放坡

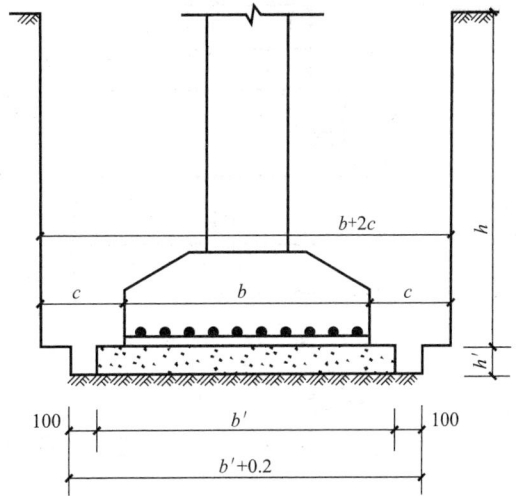

图 2-8　不放坡无挡土板

（3）不放坡加两面挡土板沟槽断面形式如图 2-9 所示，其断面面积：

$$S_{断} = (b + 2 \times 0.3 + 2 \times 0.1)h + (b' + 2 \times 0.1)h'$$

（4）一面放坡一面挡土板沟槽形式如图 2-10 所示，其断面面积：

$$S_{断} = (b + 2 \times 0.3 + 0.1 + 0.5mh)h + (b' + 2 \times 0.1)h'$$

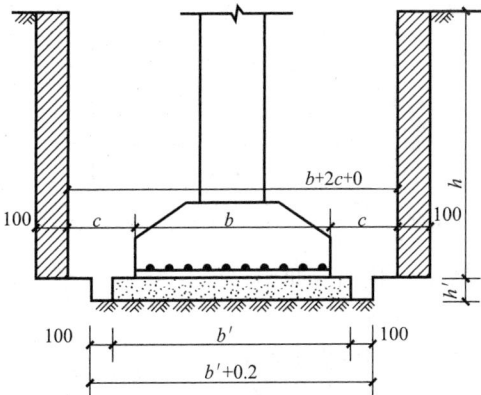

图 2-9　不放坡加两面挡土板

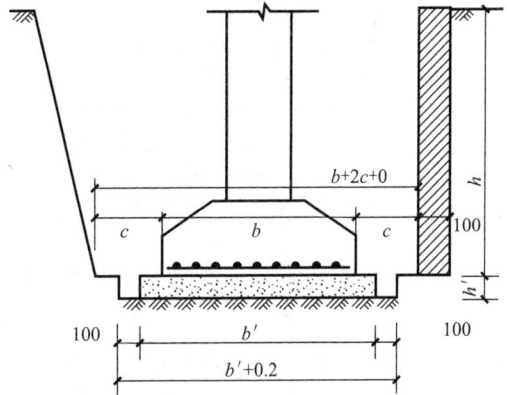

图 2-10　一面放坡一面挡土板

2. 基础有其他垫层

（1）两面放坡沟槽形式如图 2-11 所示，其断面面积：

$$S_{断} = (b' + mh) + b'h'$$

（2）不放坡无挡土板沟槽形式如图 2-12 所示，其断面面积：

$$S_{断} - b'(h + h')$$

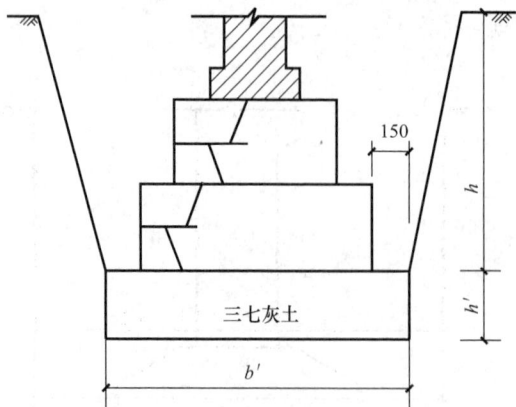

图 2-11　两面放坡

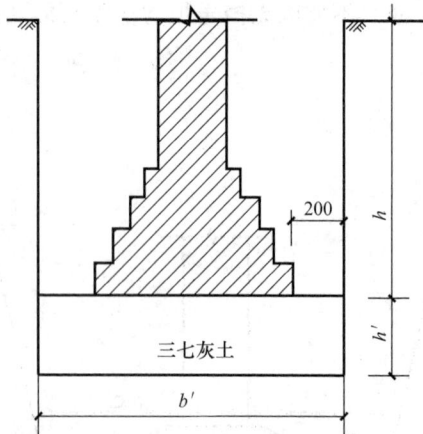

图 2-12　不放坡无挡土板

3. 基础无垫层

（1）两面放坡沟槽形式如图 2-13 所示，其断面面积：

$$S_断 = [(b+2c)+mh]h$$

（2）不放坡无挡土板沟槽形式如图 2-14 所示，其断面面积：

$$S_断 = (b+2c)h$$

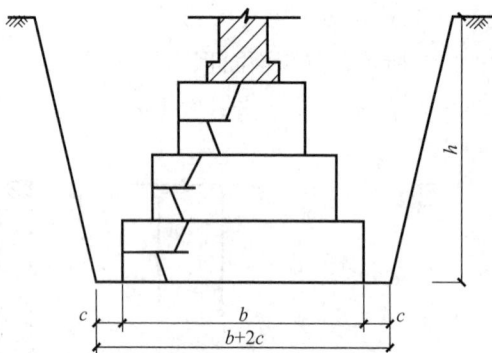

图 2-13　两面放坡

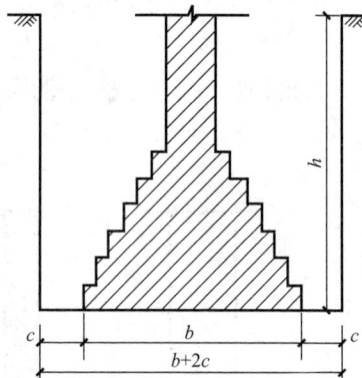

图 2-14　不放坡无挡土板

（3）不放坡加两面挡土板沟槽形式如图 2-15 所示，其断面面积：

$$S_断 = (b+2c+2×0.1)h$$

（4）一面放坡一面挡土板沟槽形式如图 2-16 所示，其断面面积：

$$S_断 = (b+2c+0.1+0.5mh)h$$

式中　$S_断$——沟槽断面面积，m^2；

　　　m——放坡系数；

　　　c——工作面宽度，m；

　　　h——从室外设计地面至基础底深度，即垫层上基槽开挖深度，m；

　　　h'——基础垫层高度，m；

　　　b——基础底面宽度，m；

　　　b'——垫层宽度，m。

22

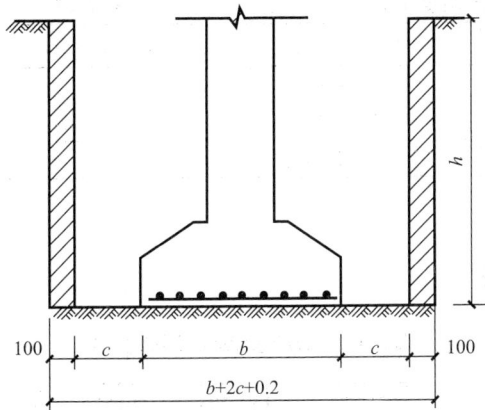

图 2-15　不放坡加两面挡土板

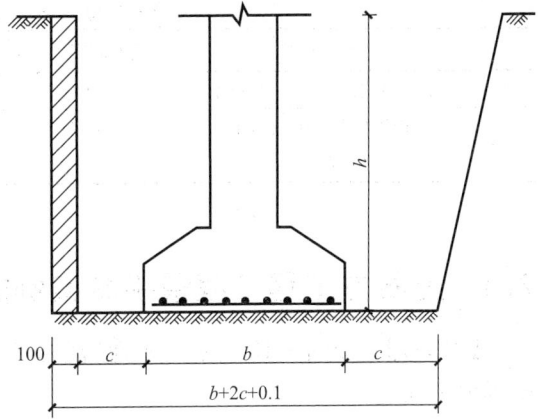

图 2-16　一面放坡一面加挡土板

2.2.3　边坡土方工程量计算

为了保持土体的稳定和施工安全，挖方和填方的周边都应修筑成适当的边坡。边坡的表示方法如图 2-17（a）所示。图中的 m 为边坡底的宽度 b 与边坡高度 h 的比，称为坡度系数。当边坡高度 h 为已知时，所需边坡底宽 b 即等于 mh（$1:m=h:b$）。若边坡高度较大，可在满足土体稳定的条件下，根据不同的土层及其所受的压力，将边坡修筑成折线形，如图 2-17（b）所示，以减小土方工程量。

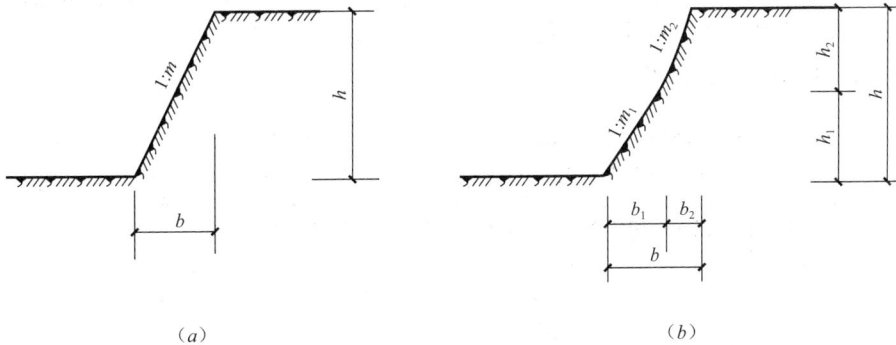

（a）　　　　　　　　　　　　　（b）

图 2-17　土体边坡表示方法

（a）直线形边坡坡度表示方法；（b）折线形边坡坡度表示方法

边坡的坡度系数（边坡宽度：边坡高度）根据不同的填挖高度（深度）、土的物理性质和工程的重要性，在设计文件中应有明确的规定。常用的挖方边坡坡度和填方高度限值，见表 2-11 和表 2-12。

水文地质条件良好时永久性土工构筑物挖方的边坡坡度　　　　　　　　表 2-11

项次	挖方性质	边坡坡度
1	在天然湿度、层理均匀，不易膨胀的黏土、粉质黏土、粉土和砂土（不包括细砂、粉砂）内挖方，深度不超过 3m	$1:1\sim1:1.25$
2	土质同上，深度为 3~12m	$1:1.25\sim1:1.50$
3	干燥地区内土质结构未经破坏的干燥黄土及类黄土，深度不超过 12m	$1:0.1\sim1:1.25$
4	在碎石和泥灰岩土内的挖方，深度不超过 12m，根据土的性质、层理特性和挖方深度确定	$1:0.5\sim1:1.5$

23

填方边坡为 1∶1.5 时的高度限制 表 2-12

项次	土的种类	填方高度（m）	项次	土的种类	填方高度（m）
1	黏土类土、黄土、类黄土	6	4	中砂和粗砂	10
2	粉质黏土、泥灰岩土	6~7	5	砾石和碎石土	10~12
3	粉土	6~8	6	易风化的岩石	12

2.3 土石方工程工程量手算实例解析

【例 2-1】 如图 2-18 所示，求建筑物人工平整场地工程量。

【解】

人工平整场地工程量：

$S_\text{平} = (31.9 + 0.24) \times (17.7 + 0.24) - 8.5$
$\times (7.3 - 0.24) \times 2 + [(31.9 + 0.24 + 17.7$
$+ 0.24) \times 2 + 8.5 \times 4] \times 2 + 16$
$= 740.89\text{m}^2$

【例 2-2】 某建筑平面图如图 2-19 所示。墙体厚度 240mm，台阶上部雨篷伸出宽度与阳台

图 2-18 某建筑物底层平面示意图

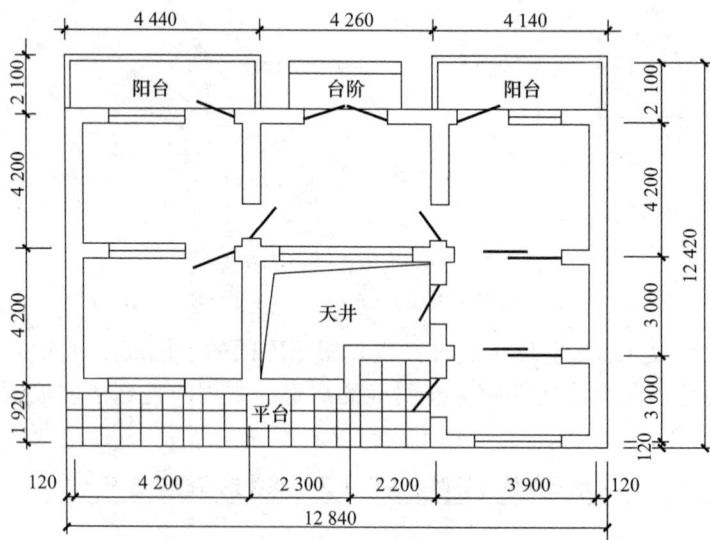

一致，阳台为全封闭。按要求平整场地，土壤类别为Ⅲ类（坚土），大部分场地挖填找平厚度在±30cm 以内，就地找平，但局部有 23m³ 挖土，平均厚度为 50cm，有 5m 弃土运输。计算人工场地平整的工程量。

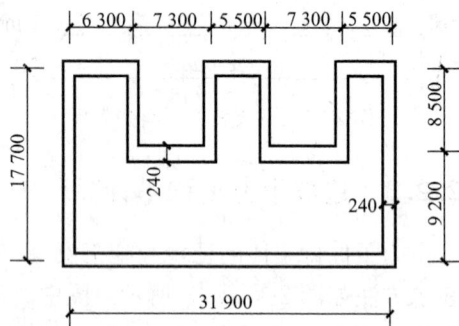

图 2-19 某建筑平面图

【解】

人工场地平整工程量：

$$S_{\text{平}} = 12.84 \times 12.42 - 4.26 \times (2.1 - 0.12) - [(4.2 + 2.3 + 2.2) \times (1.92 - 0.12) + (3 - 1.92) \times (2.2 - 0.12)] + (12.84 + 12.42 + 2.1 - 0.12) \times 2 \times 2 + 16$$
$$= 258.09 \text{m}^2$$

【例 2-3】 某地槽开挖如图 2-20 所示，不放坡，不设工作面，试计算其工程量。

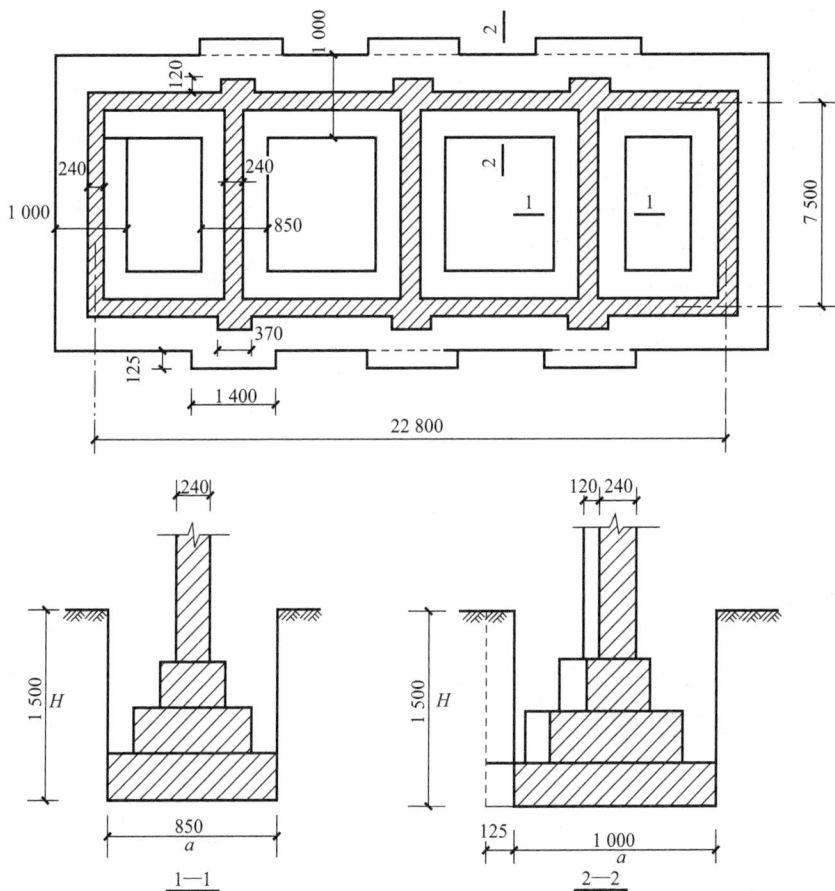

图 2-20 挖地槽工程量计算示意图

【解】

（1）外墙地槽

$$S_{\text{外}} = 1 \times 1.5 \times (22.8 + 7.5) \times 2$$
$$= 90.9 \text{m}^3$$

（2）内墙地槽

$$S_{\text{内}} = 0.85 \times 1.5 \times (7.5 - 1) \times 3$$
$$= 24.863 \text{m}^3$$

（3）附垛地槽

$$S_{\text{附}} = 0.125 \times 1.5 \times 1.4 \times 6$$
$$= 1.575 \text{m}^3$$

（4）合计：

$$S = S_外 + S_内 + S_附$$
$$= 90.9 + 24.863 + 1.575$$
$$= 117.34 m^3$$

【例2-4】 挖方形基坑如图2-21所示，工作面高度150mm，放坡系数为1:0.25，挖四类土。试求其工程量。

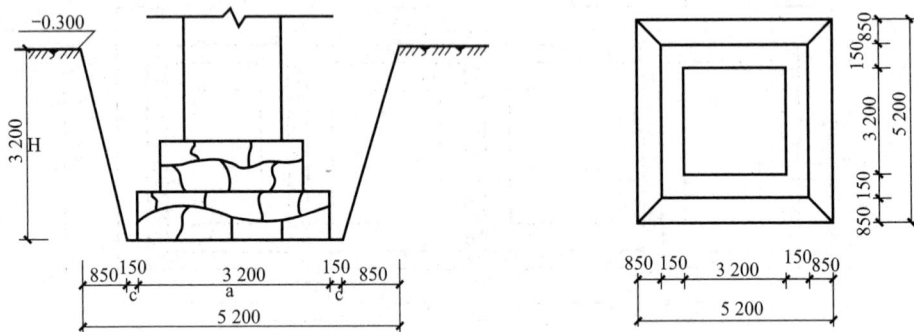

图2-21 方形基坑开挖放坡示意图

【解】

$$V = (a + 2C + KH)(b + 2C + KH)H + \frac{1}{3}K^2H^3$$

$$= (3.2 + 2 \times 0.15 + 0.25 \times 3.2)^2 \times 3.2 + \frac{1}{3} \times 0.25^2 \times 3.2^3$$

$$= 59.85 m^3$$

【例2-5】 如图2-22所示，已知圆形基坑：$R=3m$，$r=2.4m$，$H=2.5m$，求基坑工程量。

【解】

$$V = \frac{1}{3}\pi H(R^2 + r^2 + Rr)$$

$$= \frac{1}{3} \times 3.14 \times (3^2 + 2.4^2 + 3 \times 2.4) \times 2.5$$

$$= 57.46 m^3$$

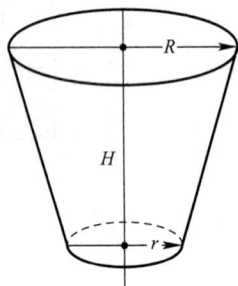

图2-22 圆形基坑示意图

【例2-6】 计算图2-23所示建筑物地槽开挖的土方工程量（$K=0.33$）。包括地槽挖土工程量、地槽回填土工程量，室内地面回填土工程量，余土外运或取土工程量。

【解】

（1）地槽挖土

$$V_挖 = (1.5 + 0.15 \times 2 + 1.9 \times 0.33) \times 1.9 \times (12 + 7.5) \times 2$$
$$= 179.84 m^3$$

（2）地槽回填土

$$V_{回1} = 179.84 - [1.5 \times 0.15 + 1.2 \times 0.45 + 0.8 \times 0.45 + 0.24 \times (1.9 - 0.1 - 0.45 - 0.45)] \times (12 + 7.5) \times 2$$
$$= 127.54 m^3$$

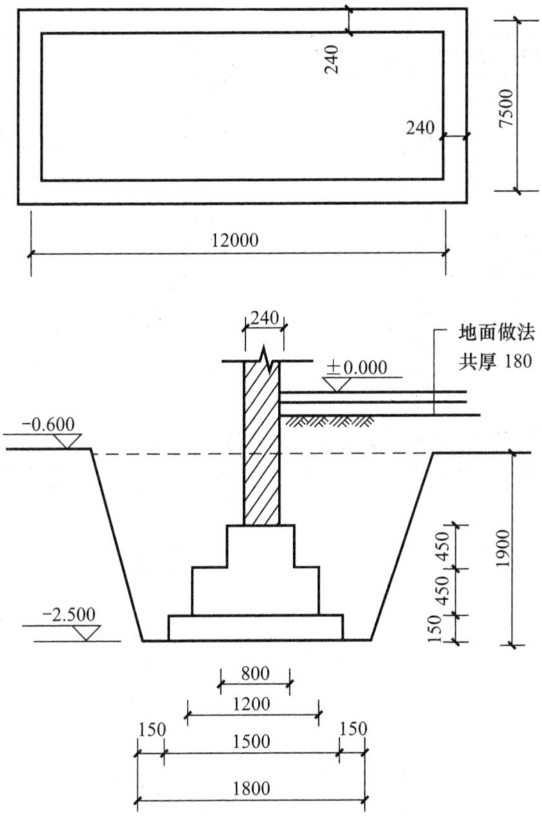

图 2-23 某建筑物地槽示意图

（3）室内地面回填土

$$V_{回2} = (0.6 - 0.18) \times (12 - 0.12) \times (7.5 - 0.12)$$
$$= 36.82 \text{m}^3$$

（4）余土外运

$$V_挖 = V_挖 - V_{回1} - V_{回2}$$
$$= 179.84 - 127.54 - 36.82$$
$$= 15.48 \text{m}^3$$

【例 2-7】 某建筑物基础平面及剖面如图 2-24 所示。已知设计室外地坪以下砖基础体积量为 15.85m³，混凝土垫层体积为 2.86m³，室内地面厚度为 180mm，C（工作面宽度）= 300mm，土质为Ⅱ类土。要求挖出土方堆于现场，回填后余下的土外运。试计算其工程量。

【解】

挖土的槽底宽度为（0.8+2×0.3）=1.4m＜3m，槽长大于 3 倍槽宽，故挖土应执行挖地槽项目。

（1）平整场地

$$S = S_1 + 2 \times L_外 + 16$$
$$= (3.6 \times 2 + 0.24) \times (3.4 \times 2 + 0.24) + 2 \times (3.6 \times 2 + 0.24 + 3.4 \times 2 + 0.24) \times 2 + 16$$
$$= 126.30 \text{m}^2$$

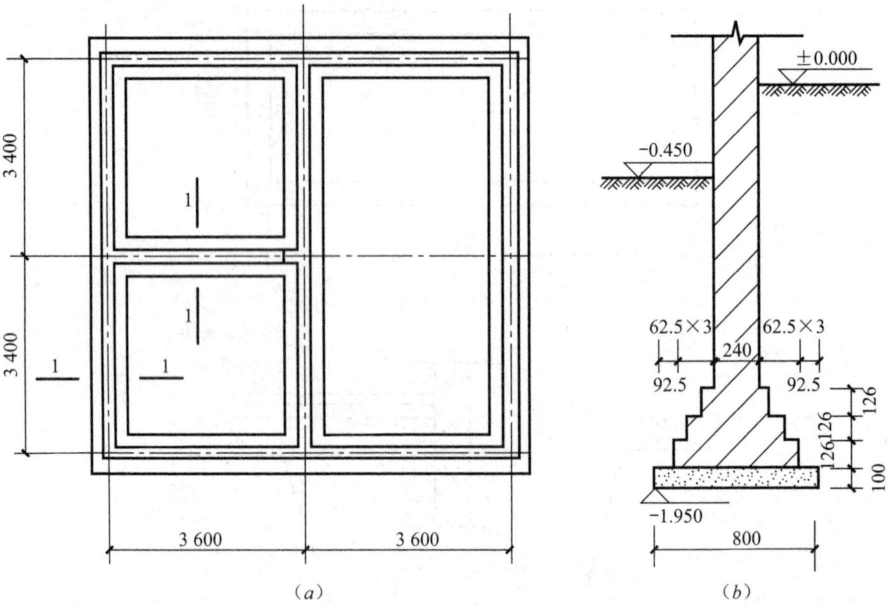

图 2-24　某建筑物基础平面及剖面图

(a) 平面图；(b) 基础 1-1 剖面图

(2) 挖沟槽

$$挖沟槽深度 = 1.95 - 0.45 = 1.5 > 1.2m$$

需放坡开挖沟槽（其中 0.5 为放坡系数），由垫层下表面放坡。

1) $V_外 = (a + 2C + KH)HL_中$

$\qquad = (0.8 + 2 \times 0.3 + 0.5 \times 1.5) \times 1.5 \times (3.6 \times 2 + 3.4 \times 2) \times 2$

$\qquad = 90.3m^3$

2) $V_内 = (a + 2C + KH)H \times 基底净长线$

$\qquad = (0.8 + 2 \times 0.3 + 0.5 \times 1.5) \times 1.5 \times [3.4 \times 2 - (0.4 + 0.3)]$

$\qquad = 19.67m^3$

3) $V = V_外 + V_内$

$\qquad = 90.3 + 19.67$

$\qquad = 109.97m^3$

(3) 回填土

1) 基础回填土：

$$基础回填土 = 挖土体积 - 室外地坪以下埋设的基础、垫层体积$$

$\qquad\qquad\qquad = 111.91 - 15.85 - 2.86$

$\qquad\qquad\qquad = 93.2m^3$

2) 房心回填土：

房心回填土 = 主墙之间的净面积 × 回填土厚度

$\qquad = [(3.6 - 0.24) \times (3.4 - 0.24) \times 2 + (3.6 - 0.24) \times (3.4 \times 2 - 0.24)]$

$\qquad\quad \times (0.45 - 0.18)$

$\qquad = 40.68 \times 0.27$

$$=11.68\text{m}^3$$

或：房心回填土$=(S_1-L_\text{中}\times$外墙厚度$-L_\text{内}\times$内墙厚度$)\times$回填土厚度

$$=[(3.6\times2+0.24)\times(3.4\times2+0.24)-(3.6\times2+3.4\times2)\times2\times0.24$$
$$-(3.4\times2-0.24+3.6-0.24)\times0.24]\times(0.45-0.18)$$
$$=11.68\text{m}^3$$

3）回填土总工程量：

回填土总体积＝基础回填土工程量＋房心回填土工程量

$$=93.2+11.68$$
$$=104.88\text{m}^3$$

（4）运土

运土＝挖土总体积－回填土总体积

$$=109.97-104.88\times1.15$$
$$=-10.64\text{m}^3$$

计算结果为负，表示有亏土，应由场外向场内运输。

【例 2-8】 某工程如下：

（1）设计说明

1）某工程±0.000 以下基础工程施工图如图 2-25 所示，室内外标高差为 450mm。

2）基础垫层为非原槽浇筑，垫层支模，混凝土强度等级为 C10，地圈梁混凝土强度等级为 C20。

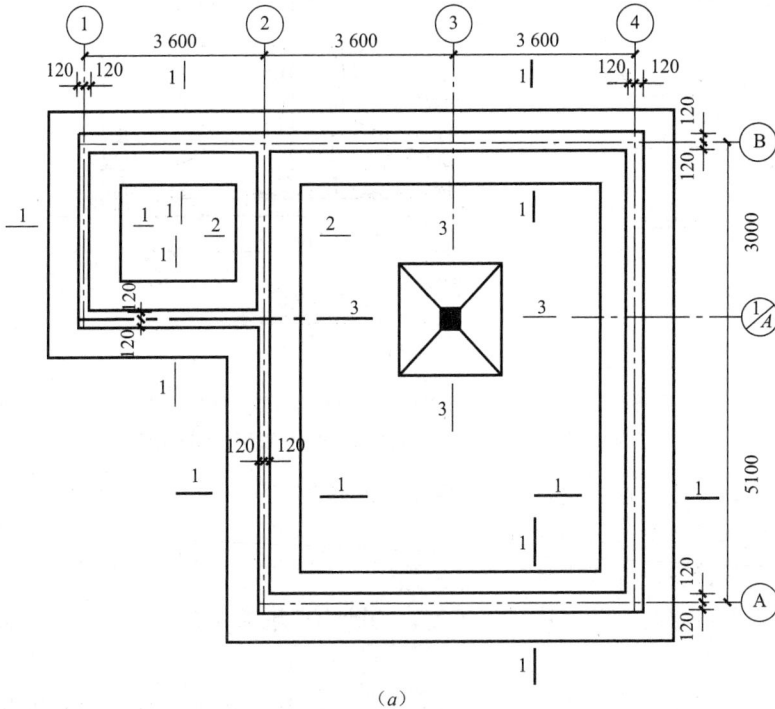

（a）

图 2-25 某工程±0.000 以下基础工程施工图（一）

（a）平面图

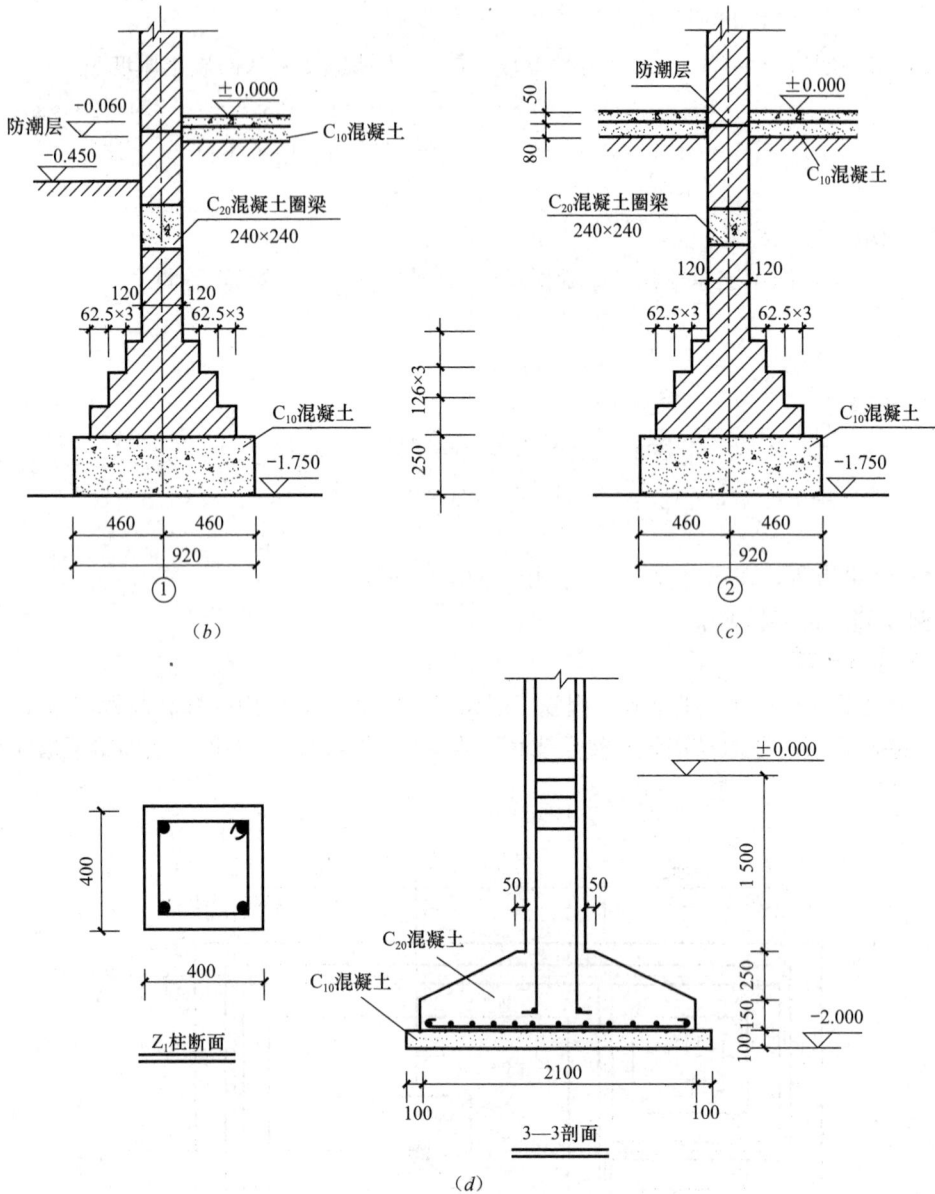

图 2-25　某工程±0.000 以下基础工程施工图（二）

（b）1—1 剖面图；（c）2—2 剖面图；（d）柱断面、基础剖面图

3）砖基础，使用普通页岩标准砖，M5 水泥砂浆砌筑。

4）独立柱基及柱为 C20 混凝土。

5）本工程建设方已完成三通一平。

6）混凝土及砂浆材料为：中砂、砾石、细砂均现场搅拌。

（2）施工方案

1）本基础工程土方为人工开挖，非桩基工程，不考虑开挖时排地表水及基底钎探，不考虑支挡土板施工，工作面为 300mm，放坡系数为 1∶0.33。

2）开挖基础土，其中一部分土壤考虑按挖方量的 60% 进行现场运输、堆放，采用人力车运输，距离为 40m，另一部分土壤在基坑边 5m 内堆放。平整场地弃、取土运距为 5m。弃土外运 5km，回填为夯填。

　　3）土壤类别三类土，均属天然密实土，现场内土壤堆放时间为三个月。

　　试计算该±0.000 以下基础工程的平整场地、挖地槽、地坑、弃土外运、土方回填等项目工程量。

　　【解】

　　按某省规定，挖沟槽、基坑因工作面和放坡增加的工程量，并入各土方工程量中。三类土放坡起点应为 1.5m，因挖沟槽土方不应计算放坡。

　　（1）平整场地

$$S = 11.04 \times 3.24 + 5.1 \times 7.44$$
$$= 73.71 \text{m}^2$$

　　（2）挖沟槽土方

$$L_{外} = (10.8 + 8.1) \times 2$$
$$= 37.8 \text{m}$$
$$L_{内} = 3 - 0.92 - 0.3 \times 2$$
$$= 1.48 \text{m}$$
$$S_{1-1(2-2)} = (0.92 + 2 \times 0.3) \times 1.3$$
$$= 1.98 \text{m}^2$$
$$V = (37.8 + 1.48) \times 1.98$$
$$= 77.77 \text{m}^3$$

　　（3）挖基坑土方

$$S_{下} = (2.3 + 0.3 \times 2)^2$$
$$= 8.41 \text{m}^2$$
$$S_{上} = (2.3 + 0.3 \times 2 + 2 \times 0.33 \times 1.55)^2$$
$$= 15.37 \text{m}^2$$
$$V = \frac{1}{3} \times h \times (S_{上} + S_{下} + \sqrt{S_{上} \ S_{下}}) = \frac{1}{3} \times 1.55 \times (2.9^2 + 3.92^2 + 2.9 \times 3.92)$$
$$= 18.16 \text{m}^3$$
$$V_{挖总} = 77.77 + 18.16 = 95.93 \text{m}^3$$

　　（4）土方回填

　　1）垫层：

$$V = (37.8 + 2.08) \times 0.92 \times 0.250 + 2.3 \times 2.3 \times 0.1$$
$$= 9.70 \text{m}^3$$

　　2）埋在土下砖基础（含圈梁）：

$$V = (37.8 + 2.76) \times (1.05 \times 0.24 + 0.0625 \times 3 \times 0.126 \times 4)$$
$$= 14.05 \text{m}^3$$

　　3）埋在土下的混凝土基础及柱：

$$V = \frac{1}{3} \times 0.25 \times (0.5^2 + 2.1^2 + 0.5 \times 2.1) + 1.05 \times 0.4 \times 0.4 + 2.1 \times 2.1 \times 0.15$$

$$= 1.31\text{m}^3$$

4）基坑回填：
$$V = 77.77 + 18.16 - 9.7 - 14.05 - 1.31$$
$$= 70.87\text{m}^3$$

5）室内回填：
$$V = (3.36 \times 2.76 + 7.86 \times 6.96 - 0.4 \times 0.4) \times (0.45 - 0.13)$$
$$= 20.42\text{m}^3$$
$$V_{回总} = 70.87 + 20.42 = 91.29\text{m}^3$$

（5）余方弃置
$$V = V_{挖总} - V_{回总}$$
$$= 95.93 - 91.29$$
$$= 4.64\text{m}^3$$

【例 2-9】 某输水管道工程，岩石为次坚石，拟采用石棉水泥管，管道中心线长为880m，管径为600mm，管道地沟沟底宽度为1.2m，管沟深度为1.4m，计算人工挖管道沟槽工程量。

【解】

（1）清单工程量
$$L = 880\text{m}$$

（2）定额工程量
$$V = 1.2 \times 1.4 \times 880$$
$$= 1478.4\text{m}^3$$

【例 2-10】 试计算如图 2-26 所示的室内回填土工程量。

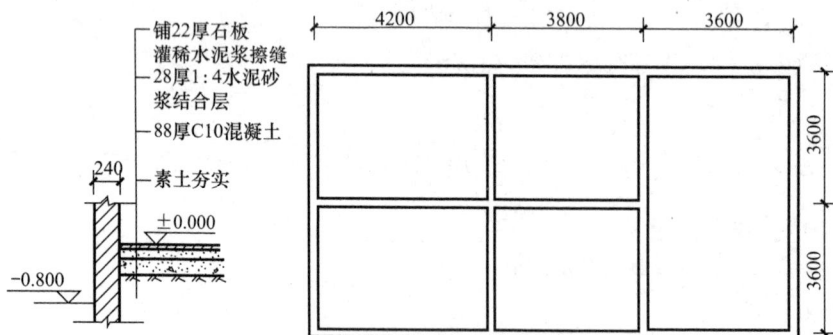

图 2-26 室内底层平面图

【解】

（1）室内回填土厚度
室内回填土的厚度按设计室外地坪标高至室内地面垫层底面标高之间的厚度计算。
$$B = 0.800 - 0.022 - 0.028 - 0.08$$
$$= 0.67\text{m}$$

（2）室内回填土面积
室内回填土面积按主墙之间的净面积计算，即按净长线计算室内房间的面积。

$$S = (4.2 - 0.24) \times (3.6 - 0.24) \times 2 + (3.8 - 0.24) \times (3.6 - 0.24) +$$
$$(3.6 \times 2 - 0.24) \times (3.6 - 0.24)$$
$$= 73.92 \text{m}^2$$

（3）室内回填土体积

室内回填土的体积 = 室内回填土的面积 × 室内回填土的厚度
$$V = 73.92 \times 0.67$$
$$= 49.53 \text{m}^3$$

【例 2-11】 由于工程需要，人工挖如图 2-27 所示的地坑，土方运至 2000m 另作他用。后采用 100kW 的推土机从 60m 处推土方平整，试求工程量（四类土）。

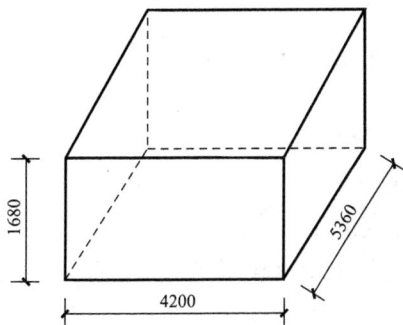

图 2-27　某地坑示意图（单位：mm）

【解】

（1）挖一般土方

$$V = 4.2 \times 5.36 \times 1.68$$
$$= 37.82 \text{m}^3$$

（2）平整场地

$$S = 4.2 \times 5.36$$
$$= 22.51 \text{m}^2$$

3 桩基工程手工算量与实例精析

3.1 桩基工程工程量手算方法

3.1.1 打桩工程量

1. 预制钢筋混凝土方桩工程量

（1）计算公式

$$V = A \times B \times L \times N (\mathrm{m}^3)$$

式中 A——预制方桩的截面宽（m）；

B——预制方桩的截面高（m）；

L——预制方桩的设计长度（m）（包括桩尖，不扣除桩尖虚体积）；

N——预制方桩的根数。

（2）清单工程量计算规则

1）预制钢筋混凝土方桩工程量按设计图示尺寸以桩长（包括桩尖）计算，以米计量。

2）预制钢筋混凝土方桩工程量按设计图示截面积乘以桩长（包括桩尖）以实体积计算，以立方米计量。

3）预制钢筋混凝土方桩工程量按设计图示数量计算，以根计量。

（3）定额工程量计算规则及说明

1）预制钢筋混凝土方桩工程量按设计图示截面积乘以桩长（包括桩尖）以计算。其中预制桩尖按虚体积，即以桩尖全长乘以最大截面面积计算。

2）预制构件的制作工程量，应按图纸计算的实体积（即安装工程量）另加相应安装项目中规定的损耗量。

3）预制钢筋混凝土方桩的体积可参照表 3-1 进行计算。

预制钢筋混凝土方桩体积表 表 3-1

桩截面 （mm）	桩尖长 （mm）	桩长 （m）	混凝土体积（m³）		桩截面 （mm）	桩尖长 （mm）	桩长 （m）	混凝土体积（m³）	
			A	B				A	B
250×250	400	3.00	1.171	0.188	300×300	400	3.00	0.246	0.270
		3.50	0.202	0.299			3.50	0.291	0.315
		4.00	0.233	0.250			4.00	0.336	0.360
		5.00	0.296	0.312			*5.00	0.426	0.450
		每增减 0.5	0.031	0.031			每增减 0.5	0.045	0.045

桩截面 （mm）	桩尖长 （mm）	桩长 （m）	混凝土体积（m³）		桩截面 （mm）	桩尖长 （mm）	桩长 （m）	混凝土体积（m³）	
			A	B				A	B
320×320	400	3.00	0.280	0.307	350×350	400	8.00	0.947	0.980
		3.50	0.331	0.358			每增减0.5	0.0613	0.0613
		4.00	0.382	0.410	400×400	400	5.00	0.757	0.800
		5.00	0.485	0.512			6.00	0.917	0.960
		每增减0.5	0.051	0.051			7.00	1.077	1.120
350×350	400	3.00	0.335	0.368			8.00	1.237	1.280
		3.50	0.396	0.429			10.00	1.557	1.600
		4.00	0.457	0.490			12.00	1.877	1.920
		5.00	0.580	0.613			15.00	2.357	2.400
		6.00	0.702	0.735			每增减0.5	0.08	0.08

注：1. 混凝土体积栏中，A栏为理论计算体积。B栏为按工程量计算的体积。
  2. 桩长包括桩尖长度。混凝土体积理论计算公式：

$$V = (L \times A) + \frac{1}{3}AH$$

式中　V——体积；

　　　L——桩长（不包括桩尖长）；

　　　A——桩截面面积；

　　　H——桩尖长。

2. 预制钢筋混凝土管桩工程量

（1）计算公式

$$V = \pi(R^2 - r^2) \times L \times N(\text{m}^3)$$

式中　R——管桩的外径（m）；

　　　r——管桩的内径（m）；

　　　L——管桩的长度（m）；

　　　N——管桩的根数（m）。

（2）工程量计算规则及说明

预制钢筋混凝土管桩工程量计算规则及说明同预制钢筋混凝土方桩。

3. 送桩工程量

（1）计算公式

V= 送桩深×桩截面面积×桩根数

　　=（桩顶面标高－0.5－自然地坪标高）×桩截面面积×桩根数（m³）

（2）工程量计算规则及说明

按各类预制桩截面面积乘以送桩长度（即打桩架底至桩顶面高度或自桩顶面至自然地坪面另加0.5m），以立方米计算。送桩后孔洞如需回填时，按土石方工程相应项目计算。

3.1.2　灌注桩工程量

1. 现浇混凝土灌注桩工程量

（1）计算公式

$$V = \frac{1}{4}\pi D^2 \times L$$

$$= \pi r^2 \times L \, (\text{m}^3)$$

式中 D——桩外直径（m）；

r——桩外半径（m）；

L——桩长（含桩尖在内）（m）。

（2）工程量计算规则及说明

1）灌注混凝土体积 V 按设计桩长（包括桩尖，不扣除桩尖虚体积）与超灌长度之和乘以设计桩断面面积，以立方米计算。

2）超灌长度设计有规定的，按设计规定；设计无规定的，按 0.25m 计算。

3）泥浆运输按成孔体积（m³）计算。

4）混凝土灌注桩的体积可参照表 3-2 进行计算。

混凝土灌注桩体积表　　　　　　　　表 3-2

桩直径 （mm）	套管外径 （mm）	桩全长 （m）	混凝土体积 （m³）	桩直径 （mm）	套管外径 （mm）	桩全长 （m）	混凝土体积 （m³）
300	325	3.00	0.2489	300	351	5.00	0.4838
		3.50	0.2904			5.50	0.5322
		4.00	0.3318			6.00	0.5806
		4.50	0.3733			每增减 0.10	0.0097
		5.00	0.4148	400	459	3.00	0.4965
		5.50	0.4563			3.50	0.5793
		6.00	0.4978			4.00	0.6620
		每增减 0.10	0.0083			4.50	0.7448
300	351	3.00	0.2903	400	459	5.00	0.8275
		3.50	0.3387			5.50	0.9103
		4.00	0.3870			6.00	0.9930
		4.50	0.4354			每增减 0.10	0.0165

注：混凝土体积 $= \pi r^2 = 0.7854 \times$ 套管外径直径的平方。

r——套管外径的半径。

2. 套管成孔灌注桩工程量

（1）计算公式

$$V = \frac{1}{4} \pi D^2 \times L \times N \, (\text{m}^3)$$

式中 D——按设计或套管箍外径（m）；

L——桩长（m）（采用预制钢筋混凝土桩尖时，桩长不包括桩尖长度，当采用活瓣桩尖时，桩长应包括桩尖长度）；

N——桩的根数。

（2）工程量计算规则及说明

1）混凝土桩、砂桩、砂石桩、碎石桩的体积 V，按设计的桩长（包括桩尖，不扣除桩尖虚体积）乘以设计规定桩径，如设计无规定时，桩径按钢管管箍外径截面面积计算。

2）扩大桩的体积用复打法时按单桩体积乘以次数计算；用翻插法时按单桩体积乘以系数 1.5。

3. 螺旋钻孔灌注桩工程量

（1）计算公式

$$V_{钻} = \frac{1}{4}\pi D^2 \times L \times N (m^3)$$

$$V_{混凝土} = \frac{1}{4}\pi D^2 \times (L+0.25) \times N (m^3)$$

式中　D——按设计或钻孔外径（m）；

　　　L——桩长（m）；

　　　N——桩的根数。

（2）工程量计算规则及说明

1）各类灌注桩分别按其成孔方式及填料相应项目计算。

2）钻孔体积V按实钻孔长度乘以设计桩截面积计算（单位为"m^3"），灌注混凝土体积V按设计桩长（包括桩尖，不扣除桩尖虚体积）与超灌长度之和乘以设计桩断面面积，以立方米计算。

4. 沉管灌注桩工程量

（1）计算公式（图 3-1）

$$V = 单桩体积 \times (复打次数+1)$$
$$= 3.14R^2h \times (复打次数+1)$$

式中　R——半径。

（2）清单工程量计算规则及说明

1）沉管灌注桩工程量按设计图示尺寸以桩长（包括桩尖）计算，以米计量。

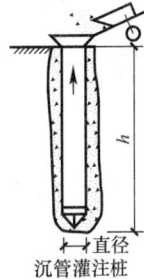

图 3-1　沉管灌注桩

2）沉管灌注桩工程量按不同截面在桩上范围内以体积计算，以立方米计量。

3）沉管灌注桩工程量按设计图示数量计算，以根计量。

（3）定额工程量计算规则及说明

1）沉管灌注桩是利用锤击打桩设备或振动沉桩设备，将带有钢筋混凝土的桩尖（或钢板靴）或带有活瓣式桩靴的钢管沉入土中，形成桩孔，然后放入钢筋骨架并浇筑混凝土，随之拔出套管，利用拔管时的振动将混凝土捣实，便形成所需的灌注桩。

2）混凝土桩体积：按设计桩长（包括桩尖，不扣除桩尖虚体积）增加 250mm 乘以沉管外径截面面积以立方米计算。如采用预制钢筋混凝土桩尖者，其桩长按沉管底算至设计桩顶的长度增加 250mm 计算。桩尖以立方米计算。需要多次沉管灌注时，按一次体积乘以沉管次数计算。

5. 人工挖孔灌注桩工程量

（1）计算公式（图 3-2）

1）圆柱：　　　　　$V = 3.14R^2h$

式中　R——半径。

图 3-2　人工挖孔桩

2）圆台：　　$V = (R^2 + r^2 + Rr) \times 3.14h/3$

式中 R、r——上下2个圆底的半径。

　　3）球冠：　　　　　　　　　　$V \approx hr^2 \times 2 \times 3.14/3$

式中 r——球半径。

　　（2）清单工程量计算规则及说明

　　1）人工挖孔灌注桩工程量按桩芯混凝土体积计算，以立方米计量。

　　2）人工挖孔灌注桩工程量按设计图示数量计算，以根计量。

　　（3）定额工程量计算规则及说明

　　1）人工挖孔桩，用人力挖土、现场浇筑的钢筋混凝土桩。人工挖孔桩一般直径较粗，最细的也在800mm以上，目前应用比较普遍。桩的上面设置承台，再用承台梁拉结、连系起来，使各个桩的受力均匀分布，用以支承整个建筑物。

　　2）人工挖孔灌注桩工程量清单编单价的时候需有以下内容：人工挖孔桩土石方、桩芯混凝土，护壁、钢筋笼制作、钢筋笼安装、凿桩头、人工挖孔桩土石方运输。

3.2　桩基工程工程量手算实例解析

　　【例3-1】　如图3-3所示，已知共有43根预制桩，二级土质。求用打桩机打桩工程量。

　　【解】

　　打桩机打桩工程量：

$$0.45 \times 0.45 \times (15+0.55) \times 43$$
$$=135.40\text{m}^3$$

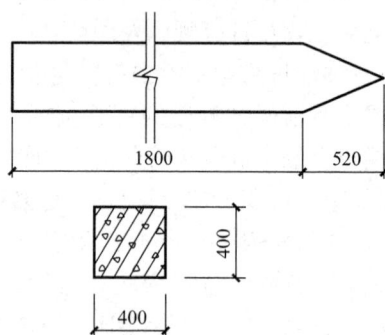

　　【例3-2】　计算图3-4所示预制钢筋混凝土桩52根的工程量。

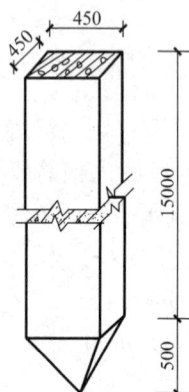

图3-3　预制桩示意图　　　　　　　图3-4　预制钢筋混凝土桩示意图

　　【解】

　　预制钢筋混凝土桩工程量：

$$(18+0.52) \times 0.4 \times 0.4 \times 52$$
$$=154.09\text{m}^3$$

　　【例3-3】　计算图3-5预制钢筋混凝土送桩142根的工程量。

【解】

预制钢筋混凝土送桩工程量：

$$(8.5+0.5)\times0.4\times0.4\times142$$

$$=204.48m^3$$

【例 3-4】 如图 3-6 所示，已知土质为二级土，求套管成孔灌注 63 根桩的工程量。

【解】

套管成孔灌注桩：

$$3.14\times\left(\frac{0.6}{2}\right)^2\times15\times63$$

$$=267.06m^3$$

【例 3-5】 某工程现场人工挖孔扩底桩，形状大致如图 3-7 所示，试计算其工程量。

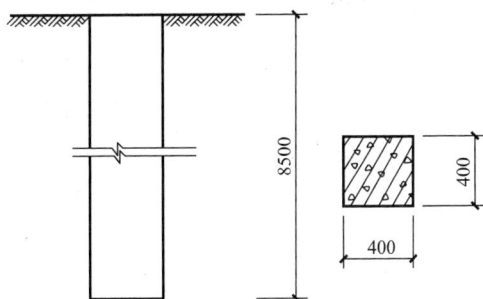

图 3-5 预制钢筋混凝土送桩

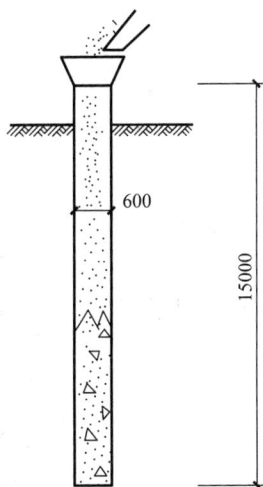

图 3-6 套管成孔灌注桩示意图

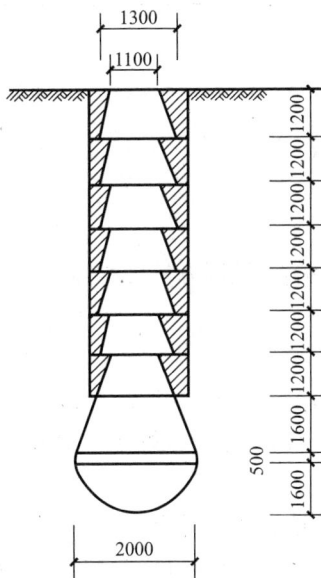

图 3-7 人工挖孔扩底桩

【解】

（1）圆台

$$V_1=\frac{1}{3}\times3.14\times1.2\times(0.55^2+0.65^2+0.55\times0.65)\times7$$

$$=9.52m^3$$

（2）扩大圆台

$$V_2=\frac{1}{3}\times3.14\times1.6\times(0.65^2+1^2+0.65\times1)$$

$$=3.47m^3$$

（3）圆柱

$$V_3=3.14\times1^2\times0.5$$

$$=1.57m^3$$

（4）球缺

$$V_4 = \frac{1}{6} \times 3.14 \times 1.6 \times (3 \times 1^2 + 0.65^2)$$

$$= 2.87 \text{m}^3$$

（5）总工程量

$$V = V_1 + V_2 + V_3 + V_4$$

$$= 9.52 + 3.47 + 1.57 + 2.87$$

$$= 17.43 \text{m}^3$$

【例3-6】 预制钢筋混凝土桩：已知某工程用打桩机打入如图3-8所示钢筋混凝土预制方桩，共30根，试计算其工程量。

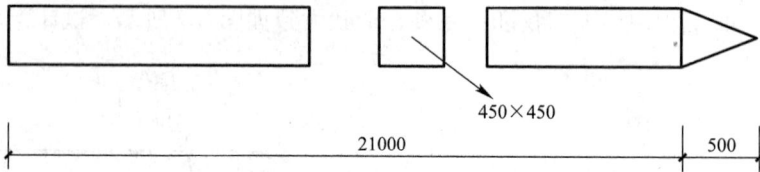

450×450

21000   500

图3-8 预制钢筋混凝土方桩

【解】

钢筋混凝土预制方桩工程量：

$$V = 0.45 \times 0.45 \times (21 + 0.5) \times 30$$

$$= 130.61 \text{m}^3$$

【例3-7】 如图3-9所示一混凝土灌注桩，螺旋钻钻机钻孔灌注混凝土桩共20根，根据图示尺寸，试计算其工程量。

【解】

（1）清单工程量计算

$$V = 3.14 \times 0.25^2 \times (20 + 0.6) \times 20$$

$$= 80.86 \text{m}^3$$

（2）消耗量定额工程量

1）螺旋钻钻孔：

$$V = 3.14 \times 0.25^2 \times (20 + 0.6 + 0.25) \times 20$$

$$= 81.84 \text{m}^3$$

2）混凝土灌注桩：

$$V = 81.84 \text{m}^3$$

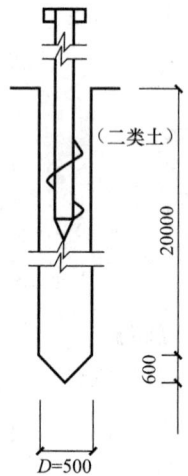

（二类土）

20000

600

$D = 500$

图3-9 螺旋钻钻机
钻孔灌注桩

【例3-8】 某工程采用人工挖孔桩基础，设计情况如图3-10所示，桩数10根，桩端进入中风化泥岩不少于1.5m，护壁混凝土采用现场搅拌，强度等级为C25，桩芯采用商品混凝土，强度等级为C25，土方采用场内转运。

地层情况自上而下为：卵石层（四类土）厚5～7m，强风化泥岩（极软岩）厚3～5m，以下为中风化泥岩（软岩）。试计算桩基础工程量。

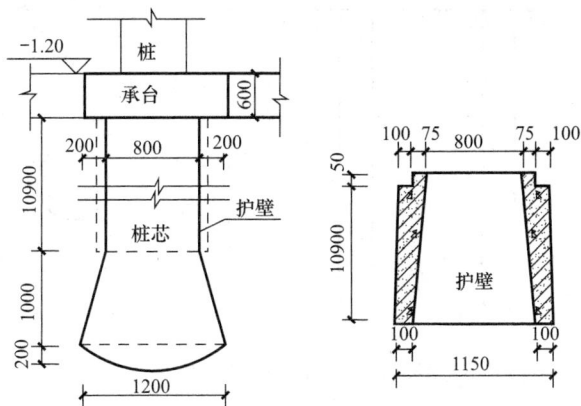

图 3-10 某桩基工程示意图（单位：mm）

【解】

（1）挖孔桩土（石）方

1）直芯：

$$V_1 = \pi \times \left(\frac{1.15}{2}\right)^2 \times 10.9$$

$$= 11.32 \text{m}^3$$

2）扩大头：

$$V_2 = \frac{1}{3} \times 1 \times (\pi \times 0.4^2 + \pi \times 0.6^2 + \pi \times 0.4 \times 0.6)$$

$$= 0.80 \text{m}^3$$

3）扩大头球冠：

$$V_3 = \pi \times 0.2^2 \times \left(R - \frac{0.2}{3}\right)$$

$$= 3.14 \times 0.2^2 \times \left(\frac{0.6^2 + 0.2^2}{2 \times 0.2} - \frac{0.2}{3}\right)$$

$$= 0.12 \text{m}^3$$

$$V = (V_1 + V_2 + V_3) \times 10$$

$$= (11.32 + 0.8 + 0.12) \times 10$$

$$= 122.40 \text{m}^3$$

（2）人工挖孔灌注桩

1）护桩壁 C20 混凝土：

$$V = \pi \times \left[\left(\frac{1.15}{2}\right)^2 - \left(\frac{0.875}{2}\right)^2\right] \times 10.9 \times 10$$

$$= 47.65 \text{m}^3$$

2）桩芯混凝土：

$$V = 122.40 - 47.65$$

$$= 74.75 \text{m}^3$$

【例 3-9】 某工程建在湿陷性黄土上，设计采用冲击沉管挤密灌注粉煤灰混凝土短桩加固地基，如图 3-11 所示，设计打桩 880 根，计算其工程量。

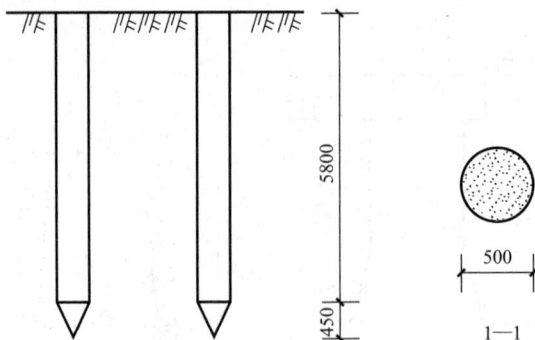

图 3-11 灰土挤密桩示意图

【解】

（1）清单工程量

$$L = (5.8 + 0.45) \times 880$$
$$= 5500\text{m}$$

（2）定额工程量

灰土挤密桩的工程量按其体积计算。

$$V = \frac{\pi}{4} d^2 hn$$

$$= \frac{1}{4} \times 0.5^2 \times 3.14 \times (5.8 + 0.45) \times 880$$

$$= 1079.38\text{m}^3$$

【例 3-10】 已知某工程，用打桩机打入如图 3-12 所示钢筋混凝土预制方桩，共 60 根，试求其工程量并确定工程清单合价（三类土）。

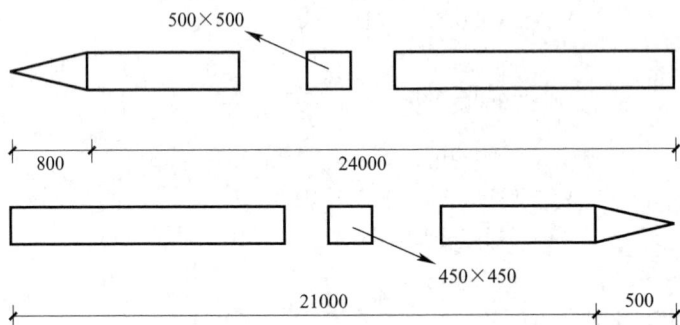

图 3-12 预制钢筋混凝土方桩

【解】

（1）清单工程量

$$V = 0.5 \times 0.5 \times (24 + 0.8) \times 60$$
$$= 372.00\text{m}^3$$

（2）消耗量定额工程量

1）打桩：$V = 372.00\text{m}^3$

2）桩制作：$V = 372.00\text{m}^3$

3）混凝土集中搅拌：

$$V = 0.5 \times 0.5 \times (24 + 0.8) \times 60 \times 1.01 \times 1.015$$
$$= 381.36 \text{m}^3$$

4）混凝土运输：$V = 381.36 \text{m}^3$

（3）打混凝土方桩 30m 内

1）人工费：$70.18 \times 372.00/10 = 2610.70$ 元

2）材料费：$49.75 \times 372.00/10 = 1850.70$ 元

3）机械费：$912.77 \times 372.00/10 = 33955.04$ 元

小计：38416.44 元

（4）C254 预制混凝土方桩、板桩

1）人工费：$175.56 \times 372.00/10 = 6530.83$ 元

2）材料费：$1467.33 \times 372.00/10 = 54584.68$ 元

3）机械费：$59.75 \times 372.00/10 = 2222.70$ 元

小计：63338.21 元

（5）场外集中搅拌混凝土

1）人工费：$13.2 \times 381.36/10 = 503.40$ 元

2）材料费：$8.5 \times 381.36/10 = 324.16$ 元

3）机械费：$101.38 \times 381.36/10 = 3866.23$ 元

小计：4693.79 元

（6）机动翻斗车运混凝土 1km 内

机械费：$27.46 \times 381.36/10 = 1047.21$ 元

小计：1047.21 元

（7）综合

1）直接费合计：107495.65 元

2）管理费：$107495.65 \times 35\% = 37623.48$ 元

3）利润：$107495.65 \times 5\% = 5374.78$ 元

4）合价：150493.91 元

5）综合单价：$150493.91 \div 372.00 = 404.55$ 元

分部分项工程和单价措施项目清单与计价表、综合单价分析表见表 3-3、表 3-4。

分部分项工程和单价措施项目清单与计价表 表 3-3

工程名称：预制钢筋混凝桩工程　　　　　　　标段：　　　　　　　　　　第　页共　页

序号	项目编号	项目名称	项目特征描述	计量单位	工程量	金额/元	
						综合单价	合价
1	010301001001	预制钢筋混凝土方桩	1. 地层情况：三类土 2. 送桩深度：30m 3. 桩长：24m 4. 桩截面：500mm×500mm 5. 混凝土强度等级：C30	m³	372.00	404.55	150493.91
合计							150493.91

| 工程名称：预制钢筋混凝桩工程 | | | | 标段： | | | | 第　页共　页 | | | |

项目编码	010301001001	项目名称	预制钢筋混凝土方桩	计量单位	m³	工程量	372.00

综合单价组成明细

定额编号	定额名称	定额单位	数量	单价/元				合价/元			
				人工费	材料费	机械费	管理费和利润	人工费	材料费	机械费	管理费和利润
2-3-3	打混凝土方桩 30m 内	10m³	0.1	70.18	49.75	912.77	413.08	7.02	4.98	91.28	41.31
4-3-1	C30 预制混凝土方桩、板桩	10m³	0.1	175.56	1467.33	59.75	681.06	17.56	146.73	5.98	68.11
4-4-1	场外集中搅拌混凝土	10m³	0.103	13.2	8.5	101.38	49.23	1.35	0.87	10.43	5.07
4-4-5	机动翻斗车运混凝土 1km 内	10m³	0.103	—	—	27.46	10.98	—	—	2.82	1.13
人工单价		小计						25.93	152.58	110.51	115.62
28 元/工日		未计价材料费						—			
清单项目综合单价								404.55			

4 砌筑工程手工算量与实例精析

4.1 砌筑工程工程量手算方法

4.1.1 砖墙体工程量

1. 计算公式

外墙毛面积 = 墙长($L_{中}$)×墙高(H)(m²)

外墙净面积 = 外墙毛面积－门窗洞口面积－0.3m² 以上其他洞口面积(m²)

扣除墙体内部：柱体积(来自于钢筋混凝土柱的体积工程量)、圈梁体积(来自于钢筋混凝土圈梁的体积工程量)、过梁体积(来自于钢筋混凝土过梁的体积工程量)。

增加下列体积：女儿墙、垃圾道、砖垛、三皮以上砖挑檐、腰线体积。即：

$$V = 外墙净面积 \times 墙厚 - 扣除墙体内部的体积 + 需增加的体积$$

式中　墙长($L_{中}$)——外墙中心线的长度(m)；

墙高(H)——按定额计算规则规定计算(m)。

2. 清单工程量计算规则

按设计图示尺寸以体积计算。

扣除门窗洞口、过人洞、空圈、嵌入墙内的钢筋混凝土柱、梁、圈梁、挑梁、过梁及凹进墙内的壁龛、管槽、散热器槽、消火栓箱所占体积，不扣除梁头、板头、檩头、垫木、木楞头、沿缘木、木砖、门窗走头、砖墙内加固钢筋、木筋、铁件、钢管及单个面积≤0.3m²的孔洞所占的体积。凸出墙面的腰线、挑檐、压顶、窗台线、虎头砖、门窗套的体积亦不增加。凸出墙面的砖垛并入墙体体积内计算。

(1)墙长度

外墙按中心线、内墙按净长计算。

(2)墙高度

1)外墙：斜(坡)屋面无檐口天棚者算至屋面板底；有屋架且室内外均有天棚者算至屋架下弦底另加 200mm；无天棚者算至屋架下弦底另加 300mm，出檐宽度超过600mm 时按实砌高度计算；与钢筋混凝土楼板隔层者算至板顶。平屋顶算至钢筋混凝土板底。

2)内墙：位于屋架下弦者，算至屋架下弦底；无屋架者算至天棚底另加 100mm；有钢筋混凝土楼板隔层者算至楼板顶；有框架梁时算至梁底。

3)女儿墙：从屋面板上表面算至女儿墙顶面(如有混凝土压顶时算至压顶下表面)。

4)内、外山墙：按其平均高度计算。

(3)框架间墙

不分内外墙按墙体净尺寸以体积计算。

（4）围墙

高度算至压顶上表面（如有混凝土压顶时算至压顶下表面），围墙柱并入围墙体积内。

3. 定额工程量计算规则及说明

计算墙体时，应扣除门窗洞口、过人洞、空圈、嵌入墙身的钢筋混凝土柱、梁（包括过梁、圈梁、挑梁）、砖砌平拱和散热器壁龛及内墙板头的体积，不扣除梁头、外墙板头、檩头、垫木、木楞头、沿椽木、木砖、门窗走头、砖墙内的加固钢筋、木筋、铁件、钢管及每个面积在 0.3m² 以下的孔洞等所占的体积，突出墙面的窗台虎头砖、压顶线、山墙泛水、烟囱根、门窗套及三皮砖以内的腰线和挑檐等体积亦不增加。

（1）一般规则

1）计算墙体时，应扣除门窗洞口、过人洞、空圈、嵌入墙身的钢筋混凝土柱、梁（包括过梁、圈梁、挑梁）、砖砌平拱和散热器壁龛及内墙板头的体积，不扣除梁头、外墙板头、檩头、垫木、木楞头、沿椽木、木砖、门窗走头、砖墙内的加固钢筋、木筋、铁件、钢管及每个面积在 0.3m² 以下的孔洞等所占的体积，突出墙面的窗台虎头砖、压顶线、山墙泛水、烟囱根、门窗套及三皮砖以内的腰线和挑檐等体积亦不增加。

2）砖垛、三皮砖以上的腰线和挑檐等体积，并入墙身体积内计算。

3）附墙烟囱（包括附墙通风道、垃圾道）按其外形体积计算，并入所依附的墙体积内，不扣除每一个孔洞横截面在 0.1m² 以下的体积，但孔洞内的抹灰工程量亦不增加。

4）女儿墙高度，自外墙顶面至图示女儿墙顶面高度，分别按不同墙厚并入外墙计算。

5）砖砌平拱、平砌砖过梁按图示尺寸以"m³"计算。如设计无规定时，砖砌平拱按门窗洞口宽度两端共加 100mm，乘以高度（门窗洞口宽小于 1500mm 时，高度为 240mm，大于 1500mm 时，高度为 365mm）计算；平砌砖过梁按门窗洞口宽度两端共加 500mm，高度按 440mm 计算。

（2）砌体厚度

1）标准砖以 240mm×115mm×53mm 为准，砌体计算厚度，按表 4-1 采用。

2）使用非标准砖时，其砌体厚度应按砖实际规格和设计厚度计算。

标准砖墙墙厚计算表　　　　　表 4-1

砖数（厚度）	1/4	1/2	3/4	1	1.5	2	2.5	3
计算厚度（mm）	53	115	180	240	365	490	615	740

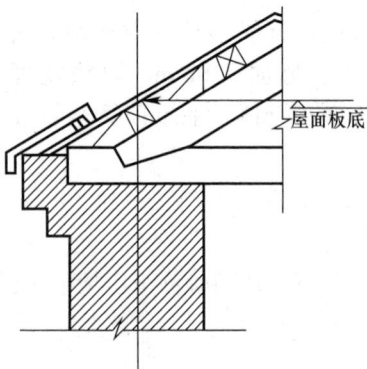

图 4-1　斜（坡）屋面无檐口顶棚者墙身高度计算

（3）墙的长度

外墙长度按外墙中心线长度计算，内墙长度按内墙净长线计算。

（4）墙身高度

1）外墙墙身高度：斜（坡）屋面无檐口顶棚者算至屋面板底（图 4-1）；有屋架，且室内外均有顶棚者，算至屋架下弦底面另加 200mm（图 4-2）；无顶棚者算至屋架下弦底加 300mm；出檐宽度超过 600mm 时，应按实砌高度计算；平屋面算至钢筋混凝土板底（图 4-3）。

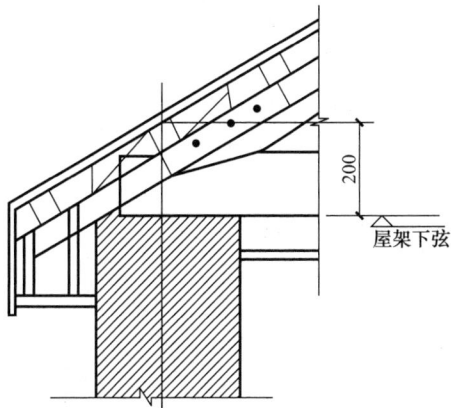

图 4-2 有屋架，且室内外均有顶棚者墙身高度计算　　图 4-3 无顶棚者墙身高度计算

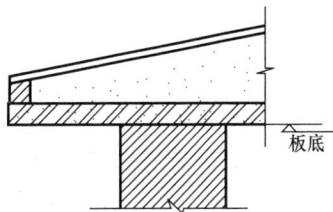

2）内墙墙身高度：位于屋架下弦者，其高度算至屋架底；无屋架者算至顶棚底另加100mm；有钢筋混凝土楼板隔层者算至板底；有框架梁时算至梁底面。

3）内、外山墙，墙身高度：按其平均高度计算。

4.1.2 条形砖基础工程量

1. 计算公式

$$V_{砖基} = (基础高 \times 基础墙厚 + 大放脚增加断面积) \times 墙长(m^3)$$

若设：

$$折加高度 = 大放脚增加断面积 \div 基础墙厚$$

则：

$$V_{砖基} = (基础高 + 折加高度) \times 基础墙厚 \times 墙长$$

砖基础的大放脚形式有等高式和不等高式，如图 4-4（a）、（b）所示。其工程量合并到砖基础计算：

（1）等高式

$$S_{增} = 0.007875n \times (n+1)$$

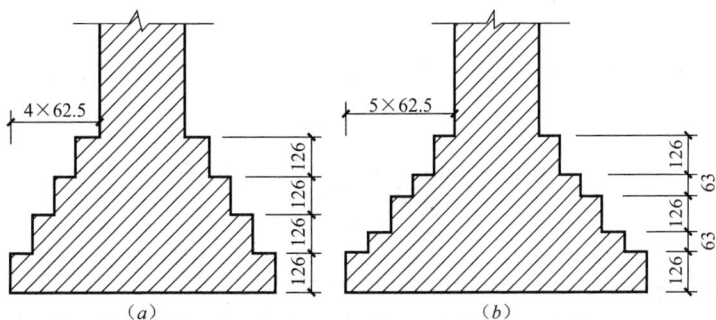

图 4-4 砖基础放脚形式
（a）等高式；（b）不等高式

（2）不等高式（底层为 126mm）
当 n 为奇数时：

47

$$S_{增} = 0.001969 \times (n+1) \times (3n+1)$$

当 n 为偶数时：

$$S_{增} = 0.001969 \times n \times (3n+4)$$

（3）不等高式（底层为 63mm）

当 n 为奇数时：

$$S_{增} = 0.001969 \times (n+1) \times (3n-1)$$

当 n 为偶数时：

$$S_{增} = 0.001969 \times n \times (3n+2)$$

式中 $S_{增}$——砖基础大放脚折加的截面增加面积；

n——砖基础大放脚的层数。

大放脚的折加高度或大放脚增加面积可根据砖基础的大放脚形式、大放脚错台层数从表 4-2、表 4-3 中查得。

标准砖等高式砖墙基大放脚折加高度表 表 4-2

| 放脚层数 | 折加高度（m） | | | | | | 增加断面积（m²） |
	1/2 砖 (0.115)	2 砖 (0.24)	$1\frac{1}{2}$ 砖 (0.365)	2 砖 (0.49)	$2\frac{1}{2}$ 砖 (0.615)	3 砖 (0.74)	
一	0.137	0.066	0.043	0.032	0.026	0.021	0.01575
二	0.411	0.197	0.129	0.096	0.077	0.064	0.04725
三	0.822	0.394	0.259	0.193	0.154	0.128	0.0945
四	1.369	0.656	0.432	0.321	0.259	0.213	0.1575
五	2.054	0.984	0.647	0.482	0.384	0.319	0.2363
六	2.876	1.378	0.906	0.675	0.538	0.447	0.3308
七	—	1.838	1.208	0.900	0.717	0.596	0.4410
八	—	2.363	1.553	1.157	0.922	0.766	0.5670
九	—	2.953	1.942	1.447	1.153	0.958	0.7088
十	—	3.609	2.373	1.768	1.409	1.171	0.8663

注：1. 本表按标准砖双面放脚，每层等高 12.6cm（二皮砖，二灰缝）砌出 6.25cm 计算。

2. 本表折加墙基高度的计算，以 240×115×53（mm）标准砖，1cm 灰缝及双面大放脚为准。

3. 折加高度（m）= $\dfrac{放脚断面积（m²）}{墙厚（m）}$。

4. 采用折加高度数字时，取两位小数，第三位以后四舍五入。采用增加断面数字时，取三位小数，第四位以后四舍五入。

标准砖间隔式墙基大放脚折加高度表 表 4-3

| 放脚层数 | 折加高度（m） | | | | | | 增加断面积（m²） |
	1/2 砖 (0.115)	2 砖 (0.24)	$1\frac{1}{2}$ 砖 (0.365)	2 砖 (0.49)	$2\frac{1}{2}$ 砖 (0.615)	3 砖 (0.74)	
一	0.137	0.066	0.043	0.032	0.026	0.021	0.0158
二	0.343	0.164	0.108	0.080	0.064	0.053	0.0394
三	0.685	0.320	0.216	0.161	0.128	0.106	0.0788
四	1.096	0.525	0.345	0.257	0.205	0.170	0.1260
五	1.643	0.788	0.518	0.386	0.307	0.255	0.1890

放脚层数	折加高度（m）						增加断面积（m²）
	1/2砖（0.115）	2砖（0.24）	$1\frac{1}{2}$砖（0.365）	2砖（0.49）	$2\frac{1}{2}$砖（0.615）	3砖（0.74）	
六	2.260	1.083	0.712	0.530	0.423	0.331	0.2597
七	—	1.444	0.949	0.707	0.563	0.468	0.3465
八	—	—	1.208	0.900	0.717	0.596	0.4410
九	—	—	—	1.125	0.896	0.745	0.5513
十	—	—	—	—	1.088	0.905	0.6694

注：1. 本表适用于间隔式砖墙基大放脚（即底层为二皮开始高12.6cm，上层为一皮砖高6.3cm，每边每层砌出6.25cm）。

2. 本表折加墙基高度的计算，以240×115×53（mm）标准砖，1cm灰缝及双面大放脚为准。

3. 本表砖墙基础体积计算公式与上表（等高式砖墙基）同。

2. 清单工程量计算规则

按设计图示尺寸以体积计算。

包括附墙垛基础宽出部分体积，扣除地梁（圈梁）、构造柱所占体积，不扣除基础大放脚T形接头处的重叠部分及嵌入基础内的钢筋、铁件、管道、基础砂浆防潮层和单个面积≤0.3m²的孔洞所占体积，靠墙暖气沟的挑檐不增加。

基础长度：外墙按外墙中心线，内墙按内墙净长线计算。

3. 定额工程量计算规则及说明

砌筑弧形砖墙、砖基础按相应项目每10m³砌体增加人工1.43工日。

基础与墙身的划分以设计室内地坪为界，设计室内地坪以下为基础，以上为墙身。基础与墙身使用不同材料时，位于设计室内地坪±300mm以内时，以不同材料为分界线；超过±300mm时，以设计室内地坪为分界线。砖、石围墙，以设计室外地坪为分界线，以下为基础，以上为墙身。

4.1.3 砖柱工程量

1. 计算公式

$$V = A \times B \times H + V_{大放脚}（m^3）$$

式中 A，B——砖柱的截面尺寸（m）；

H——砖柱的计算高度（m）。

砖柱大放脚（图4-5）的计算公式如下：

（1）等高式柱基放脚（柱尺寸：$a \times b$）

$$V_{大放脚} = 0.007875n(n+1)[a+b+(2n+1)^2/4]$$

（2）不等高式（底层为126mm）

n为奇数：

$$V_{大放脚} = 0.007875(n+1)[(3n+1)(a+b)+n(n+1)/4]$$

n为偶数：

$$V_{大放脚} = 0.001969n[(3n+4)(a+b)+(n+1)^2/4]$$

（3）不等高式（底层为63mm）

n为奇数时：

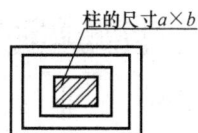

图4-5 砖柱大放脚示意图

49

$$V_{大放脚} = 0.001969(n+1)\left[(3n-1)(a+b)+n^2/4\right]$$

n 为偶数时：

$$V_{大放脚} = 0.001969n\left[(3n+2)(a+b)+n(n+1)/4\right]$$

式中　n——砖柱大放脚的层数。

2. 清单工程量计算规则

按设计图示尺寸以体积计算。扣除混凝土及钢筋混凝土梁垫、梁头、板头所占体积。

3. 定额工程量计算规则及说明

（1）砖柱不分柱身和柱基，其工程量合并后，按砖柱项目计算。

（2）砖柱大放脚工程量应合并计算。

4.1.4　墙面勾缝工程量

1. 计算公式

$$S = S_1 - S_2 - S_3 \, (m^2)$$

式中　S_1——墙面垂直投影面积（m^2）；

　　　S_2——墙裙抹灰所占的面积（m^2）；

　　　S_3——墙面抹灰所占的面积（m^2）。

2. 工程量计算规则

（1）墙面勾缝面积 S 按墙面垂直投影面积计算。

（2）应扣除墙裙和墙面抹灰所占的面积，不扣除门窗洞口及门窗套、腰线等零星抹灰所占的面积，但垛和门窗洞口侧壁的勾缝面积也不增加。

（3）独立柱、房上烟囱勾缝，按图示尺寸以平方米（m^2）计算。

4.1.5　钢筋砖过梁工程量

1. 计算公式

$$V = 0.44 \times 墙厚 \times (洞口宽+0.5)(m^3)$$

注：此公式是在设计没规定尺寸时的参考公式，若设计有规定则按设计尺寸计算工程量。

2. 工程量计算规则

钢筋砖过梁（图 4-6）体积 V 按图示尺寸（设计长度和设计高度）以立方米计算，如设计无规定时按门窗洞口宽度两端共加 500mm，高度按 440mm 计算。

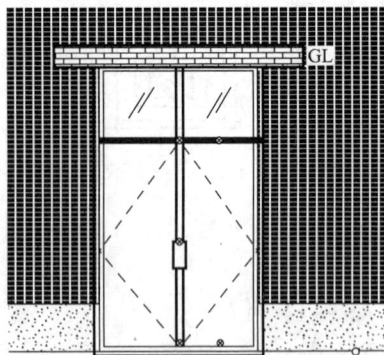

图 4-6　钢筋砖过梁示意图

4.1.6　砖平碹工程量

1. 计算公式

（1）当洞口宽小于 1500mm 时

$V = 0.24 \times 墙厚 \times (洞口宽+0.1)(m^3)$

（2）当洞口宽大于 1500mm 时

$V = 0.365 \times 墙厚 \times (洞口宽+0.1)(m^3)$

2. 工程量计算规则

砌筑砖平碹、平砌砖过梁的工程量，均按图示尺寸以立方米（m^3）计算。

4.2 砌筑工程工程量手算参考公式

4.2.1 独立砖基础工程量计算

独立基础应按图示尺寸计算。对于砖柱基础，如图 4-7 所示，可按下式计算：

$$V_{柱基} = V_{柱基身} + V_{柱放脚}$$

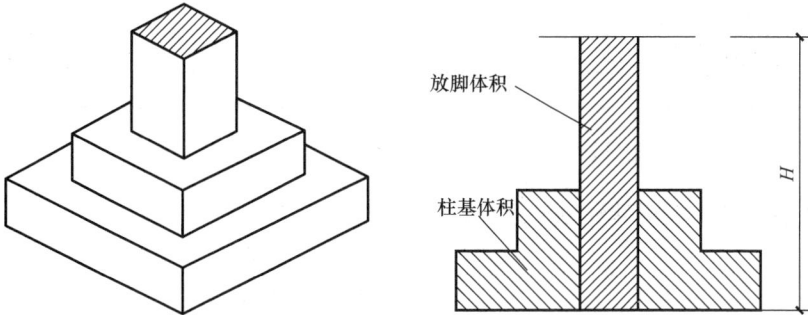

图 4-7 柱基

4.2.2 条形毛石基础工程量计算

条形毛石基础工程量的计算可参照表 4-4 进行。

毛石条形基础工程量表（定值）   表 4-4

基础阶数	图示	截面尺寸（mm）			截面面积（m²）	毛石砌体（m³/10m）	材料消耗（m³）	
		顶宽	底宽	高			毛石	砂浆
一阶式		600	600	600	0.36	3.60	4.14	1.44
		700	700	600	0.42	4.20	4.83	1.68
		800	800	600	0.48	4.80	5.52	1.92
		900	900	600	0.54	5.40	6.21	2.16
		600	600	1000	0.60	6.00	6.90	2.40
		700	700	1000	0.70	7.00	8.05	2.80
		800	800	1000	0.80	8.00	9.20	3.20
		900	900	1000	0.90	9.00	10.12	3.60
二阶式		600	1000	800	0.64	6.40	7.36	2.56
		700	1100	800	0.72	7.20	8.28	2.88
		800	1200	800	0.80	8.00	9.20	3.20
		900	1300	800	0.88	8.80	10.12	3.52
		600	1000	1200	1.04	9.40	11.96	4.16
		700	1100	1200	1.16	11.60	13.34	4.64
		800	1200	1200	1.28	12.80	14.72	5.12
		900	1300	1200	1.40	14.00	16.10	5.60

基础阶数	图示	截面尺寸（mm）			截面面积（m²）	毛石砌体（m³/10m）	材料消耗（m³）	
		顶宽	底宽	高			毛石	砂浆
三阶式		600	1400	1200	1.20	12.00	13.80	4.80
		700	1500	1200	1.32	13.20	15.18	5.28
		800	1600	1200	1.44	14.40	16.56	5.76
		900	1700	1200	1.56	15.60	17.94	6.24
		600	1400	1600	1.76	17.60	20.24	7.04
		700	1500	1600	1.92	19.20	22.08	7.68
		800	1600	1600	2.08	20.80	23.92	8.92
		900	1700	1600	2.24	22.40	25.76	8.96

4.2.3 砖墙用砖和砂浆计算

1. 一斗一卧空斗墙用砖和砂浆理论计算公式

$$砖 = \frac{一斗一卧一层砖的块数}{墙厚 \times 一斗一卧砖高 \times 墙长}$$

$$砂浆 = \frac{（墙长 \times 4 \times 立砖净空 \times 10 + 斗砖宽 \times 20 + 卧砖长 \times 12.52）\times 0.01 \times 0.053}{墙厚 \times 一斗一卧砖高 \times 墙长}$$

2. 各种不同厚度的墙用砖和砂浆净用量计算公式

砖墙：每 m³ 砖砌体各种不同厚度的墙用砖和砂浆净用量的理论计算公式如下：

（1）砖的净用量

$$砖的净用量 = \frac{1}{墙厚 \times （砖长 + 灰缝）\times （砖厚 + 灰缝）} \times K$$

式中 K——墙厚的砖数 $\times 2$（墙厚的砖数是指 0.5、1、1.5、2…）。

（2）砂浆净用量

$$砂浆净用量 = 1 - 砖数净用量 \times 每块砖体积$$

标准砖规格为 240mm×115mm×53mm，每块砖的体积为 0.0014628m³，灰缝横竖方向均为 1cm。

3. 方形砖柱用砖和砂浆用量理论计算公式

$$砖 = \frac{一层砖的块数}{长 \times 宽 \times （一层砖厚 + 灰缝）}$$

$$砂浆 = 1 - 砖数净用量 \times 每块砖体积$$

4. 圆形砖柱用砖和砂浆理论计算公式

$$砖 = \frac{1}{\pi/4 \times 0.49 \times 0.49 \times （砖厚 + 灰缝）}$$

$$砂浆 = 1 - 每块砖体积 \times \frac{1}{（长 + 1/2 灰缝）\times （宽 + 灰缝）\times （厚 + 灰缝）}$$

4.2.4 砖砌山墙面积计算

1. 山墙（尖）面积计算公式

$$坡度 1：2（26°34'） = L^2 \times 0.125$$

$$坡度 1：4(14°02′) = L^2 \times 0.0625$$
$$坡度 1：12(4°45′) = L^2 \times 0.02083$$

式中 坡度 $= H：S$（图 4-8）。

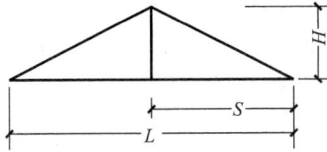

图 4-8 山墙面积计算示意图

2. 山尖墙面积（表 4-5）

山墙（尖）面积表 表 4-5

长度 L（m）	坡度（$H：S$）			长度 L（m）	坡度（$H：S$）		
	1：2	1：4	1：12		1：2	1：4	1：12
	山尖面积（m²）				山尖面积（m²）		
4.0	2.00	1.00	0.33	10.4	13.52	6.76	2.25
4.2	2.21	1.10	0.37	10.6	14.05	7.02	2.34
4.4	2.42	1.21	0.40	10.8	14.58	7.29	2.43
4.6	2.65	1.32	0.44	11	15.13	7.56	2.53
4.8	2.88	1.44	0.48	11.2	15.68	7.84	2.61
5.0	3.13	1.56	0.52	11.4	16.25	8.12	2.71
5.2	3.38	1.69	0.56	11.6	16.82	8.41	2.80
5.4	3.65	1.82	0.61	11.8	17.41	8.70	2.90
5.6	3.92	1.96	0.65	12	18.00	9.00	3.00
5.8	4.21	2.10	0.70	12.2	18.61	9.30	3.10
6.0	4.50	2.25	0.75	12.4	19.22	9.61	3.20
6.2	4.81	2.40	0.80	12.6	19.85	9.92	3.31
6.4	5.12	2.56	0.85	12.8	20.43	10.24	3.41
6.6	5.45	2.72	0.91	13.0	21.13	10.56	3.52
6.8	5.78	2.89	0.96	13.2	21.73	10.89	3.63
7.0	6.13	3.06	1.02	13.4	22.45	11.22	3.74
7.2	6.43	3.24	1.08	13.6	23.12	11.56	3.85
7.4	6.85	3.42	1.14	13.8	23.81	11.90	3.97
7.6	7.22	3.61	1.20	14	24.50	12.23	4.08
7.8	7.61	3.80	1.27	14.2	25.21	12.60	4.20
8.0	8.00	4.00	1.33	14.4	25.92	12.96	4.32
8.2	8.41	4.20	1.40	14.6	26.65	13.32	4.44
8.4	8.82	4.41	1.47	14.8	27.33	13.69	4.56
8.6	9.25	4.62	1.54	15	28.13	14.06	4.69
8.8	9.68	4.84	1.61	15.2	28.88	14.44	4.81
9.0	10.13	5.06	1.69	15.4	29.65	14.82	4.94
9.2	10.58	5.29	1.76	15.6	30.42	15.21	5.07
9.4	11.05	5.52	1.84	15.8	21.21	15.60	5.20
9.6	11.52	5.76	1.92	16	32.00	16.00	5.33
9.8	12.01	6.00	2.00	16.2	32.81	16.40	5.47
10	12.50	6.25	2.08	16.4	33.62	16.81	5.60
10.2	13.01	6.50	2.17	16.6	34.45	17.22	5.76

4.2.5 烟囱环形砖基础工程量计算

烟囱环形砖基础如图 4-9 所示，砖基大放脚分等高式和非等高式两种类型。基础体积的计算方法与条形基础的方法相同，分别计算出砖基身及放脚增加断面面积即可得烟囱基础体积公式。

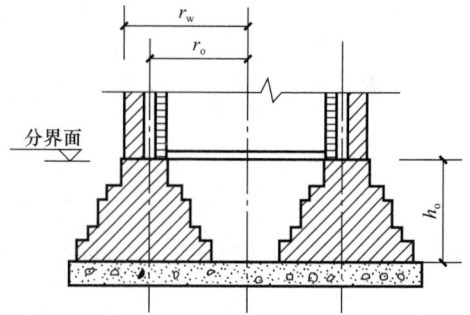

图 4-9　烟囱环形基础

1. 砖基身断面面积

$$砖基身断面积 = b \times hc$$

式中　b——砖基身顶面宽度（m）；

　　　hc——砖基身高度（m）。

2. 砖基础体积

$$V_{hj} = (b \times h_c + V_f) \times l_c$$

式中　V_{hj}——烟囱环形砖基础体积（m³）；

　　　V_f——烟囱基础放脚增加断面面积（m²）；

$l_c = 2\pi r_0$——烟囱砖基础计算长度，其中 r_0 是烟囱中心至环形砖基扩大面中心的半径。

4.2.6　圆形整体式烟囱砖基础工程量计算

图 4-10 是圆形整体式砖基础，其基础体积的计算同样可分为两个部分：一部分是基身，另一部分为大放脚，其基身与放脚应以基础扩大顶面向内收一个台阶宽（62.5mm）处为界，界内为基身，界外为放脚。若烟囱筒身外径恰好与基身重合，则其基身与放脚的划分即以筒身外径为分界。

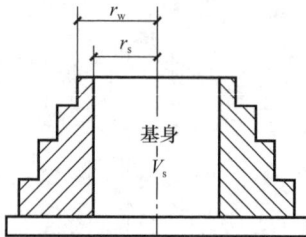

图 4-10　圆形整体式烟囱砖基础

圆形整体式烟囱基础的体积 V_{yj} 可按下式计算：

$$V_{yj} = V_s + V_f$$

其中，砖基身体积 V_s 为：

$$V_s = \pi r_s^2 h_c$$

$$r_s = r_w - 0.0625$$

式中　r_s——圆形基身半径（m）；

　　　r_w——圆形基础扩大面半径（m）；

　　　h_c——基身高度（m）。

砖基大放脚增加体积 V_f 的计算。

由图 4-10 可见，圆形基础大放脚可视为相对于基础中心的单面放脚。若计算出单面放脚增加断面相对于基础中心线的平均半径 r_0，即可计算大放脚增加的体积。平均半径 r_0 可按重心法求得。以等高式放脚为例，其计算公式如下：

$$r_0 = r_s + \frac{\sum\limits_{i=1}^{n} S_i d_i}{\Sigma S_i} = r_s + \frac{\sum\limits_{i=1}^{n} i^2}{n \text{层放脚单面断面面积}} \times 2.04 \times 10^{-4}$$

式中　i——从上向下计数的大放脚层数。

则圆形砖基放脚增加体积 V_f 为：

$$V_f = 2\pi r_0 n \text{层放脚单面断面面积}$$

式中 n 层放脚单面断面面积由查表求得。

4.2.7 烟囱筒身工程量计算

烟囱筒身不论圆形、方形，均按图示筒壁平均中心线周长乘以筒壁厚度，再乘以筒身垂直高度，扣除筒身各种孔洞（0.3m² 以上），钢筋混凝土圈梁、过梁等所占体积以立方米（m³）计算。若其筒壁周长不同时，分别计算每段筒身体积，相加后即得整个烟囱筒身的体积，计算公式如下。

$$V = \Sigma HC\pi D - 应扣除体积$$

式中　V——烟囱筒身体积（m³）；

　　　H——每段筒身垂直高度（m）；

　　　C——每段筒壁厚度（m）；

　　　D——每段筒壁中心线的平均直径（图 4-11）。

$$D = \frac{(D_1 - C) + (D_2 - C)}{2} = \frac{D_1 + D_2}{2} - C$$

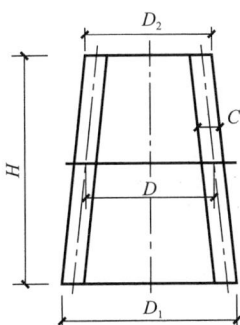

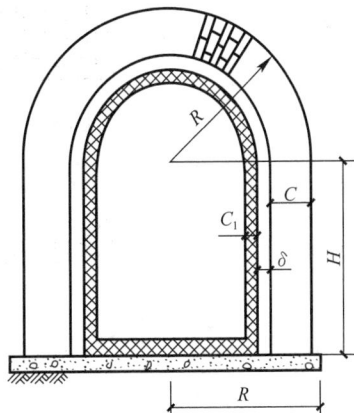

图 4-11　烟囱筒身工程量计算示意图　　　图 4-12　烟道工程量计算图

4.2.8 烟道砌块工程量计算

烟道与炉体的划分以第一道闸门为界，属炉体内的烟道部分列入炉体工程量计算。烟道砌砖工程量按图示尺寸以实砌体积计算（图 4-12）。

$$V = C\left[2H + \pi\left(R - \frac{C}{2}\right)\right]L$$

式中　V——砖砌烟道工程量（m³）；

　　　C——烟道墙厚（m）；

　　　H——烟道墙垂直部分高度（m）；

　　　R——烟道拱形部分外半径（m）；

　　　L——烟道长度（m），自炉体第一道闸门至烟囱筒身外表面相交处。

如图 4-12 所示，即可写出烟道内衬工程量计算公式为：

$$V = C_1\left[2H + \pi\left(R - C - \delta - \frac{C_1}{2}\right) + (R - C - \delta - C_1) \times 2\right]$$

式中　V——烟道内衬体积（m^3）；

　　　　C_1——烟道内衬厚度（m）。

4.3　砌筑工程工程量手算实例解析

【例 4-1】　根据图 4-13 基础施工图有关尺寸，计算砖基础的长度（基础墙厚均为 240mm）。

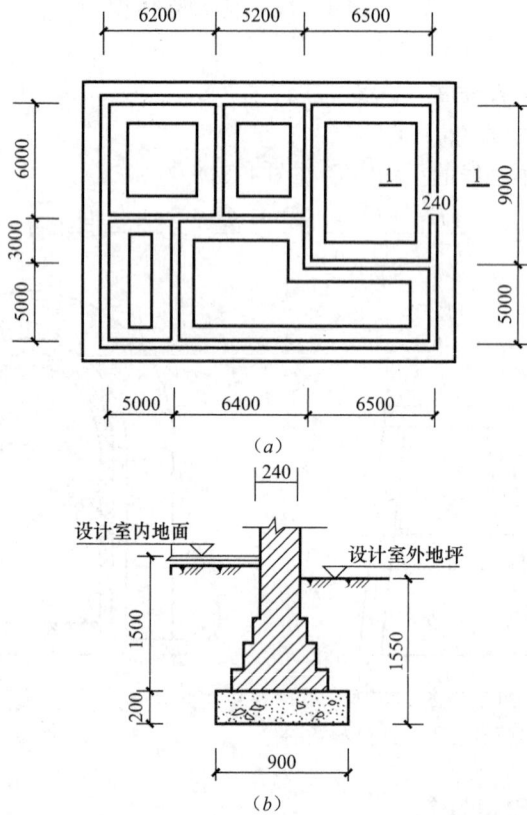

（a）

（b）

图 4-13　砖基础施工图

（a）基础平面图；（b）1—1 剖面图

【解】

（1）外墙砖基础长（$L_{中}$）

$$L_{中} = [(5+3+6)+(5+6.4+6.5)] \times 2 = 63.8m$$

（2）内墙砖基础净长（$L_{内}$）

$$L_{内} = (6-0.24)+(9-0.24)+(5+3-0.24)+(6.2+5.2-0.24)+6.5 = 39.94m$$

【例 4-2】　某石柱如图 4-14 所示，试计算其毛石石柱工程量。

【解】

（1）圆形毛石柱基础工程量

$$V_{基础} = (0.9+0.15 \times 4) \times (0.9+0.15 \times 4) \times 0.2+(0.9+0.15 \times 2)$$
$$\times (0.9+0.15 \times 2) \times 0.2+0.9 \times 0.9 \times 0.2 = 0.9m^3$$

（2）圆形毛石石柱柱身工程量

$$V_{石柱} = 3.14 \times 0.2^2 \times 6 = 0.75m^3$$

【例 4-3】 某空花墙示意图如图 4-15 所示，试计算其砖基础工程量。

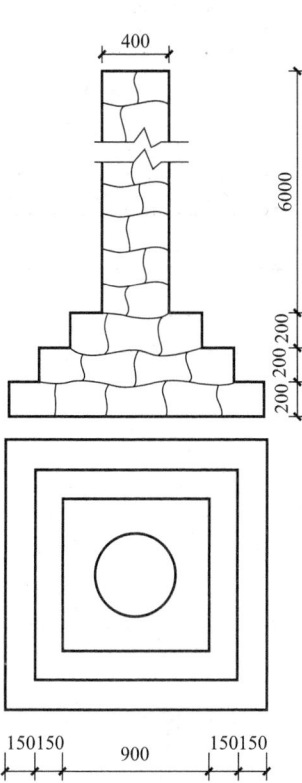

图 4-14　石柱示意图（单位：mm）　　　图 4-15　某空花墙示意图（单位：mm）

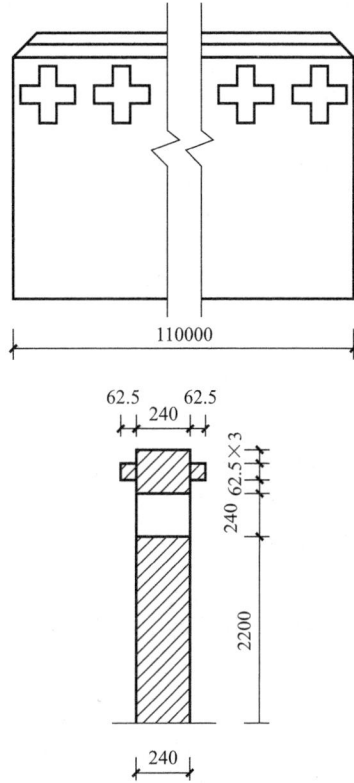

【解】

（1）实心砖墙

$$V_{实砌} = (2.2 \times 0.24 + 0.0625 \times 2 \times 0.24 + 0.0625 \times 0.365) \times 110 = 63.89m^3$$

（2）空花墙

$$V_{空花墙} = 0.24 \times 0.24 \times 110 = 6.34m^3$$

【例 4-4】 某工程等高式标准砖大放脚基础如图 4-16，基础墙高 $h = 1.8m$、基础长 $l = 48m$，计算砖基础工程量。

【解】

$$
\begin{aligned}
V_{砖基} &= (基础墙厚 \times 基础墙高 + 大放脚增加面积) \times 基础长 \\
&= (d \times h + \Delta S) \times l = [d \times h + 0.126 \times 0.0625n(n+1)] \times l \\
&= [d \times h + 0.007875n(n+1)] \times l \\
&= (0.5 \times 1.8 + 0.007875 \times 3 \times 4) \times 48 \\
&= 47.74m^3
\end{aligned}
$$

【例 4-5】 某工程±0.00 以下条形基础平面、剖面大样图详图如图 4-17 所示，室内外高差为 150mm。基础垫层为原槽浇注，清条石 1000mm×300mm×300mm，基础使用水泥砂浆 M7.5 砌筑，页岩标砖，砖强度等级 MU7.5，基础为 M5 水泥砂浆砌筑。室外标高为 −0.15m。垫层为 3：7 灰土，现场拌和。试计算该工程基础垫层、石基础、砖基础的工程量。

【解】

（1）垫层：

$$V = [(27.5+12.5)\times 2 + 8.5 - 1.54]$$
$$\times 1.54 \times 0.15 = 20.09 \text{m}^3$$

（2）石基础：

$$V = [(27.5+12.5)\times 2 + 8.5 - 1.14]$$
$$\times 1.14 \times 0.35 + [(27.5+12.5)$$
$$\times 2 + 8.5 - 0.84] \times 0.84$$
$$\times 0.35 + [(27.5+12.5)$$
$$\times 2 + 8.5 - 0.54]$$
$$\times 0.54 \times 0.35 = 77.25 \text{m}^3$$

（3）砖基础：

$$V = [(27.5+12.5)\times 2 + 8.5 - 0.24] \times 0.24 \times 0.85 = 18.01 \text{m}^3$$

图 4-16 等高式大放脚砖基础

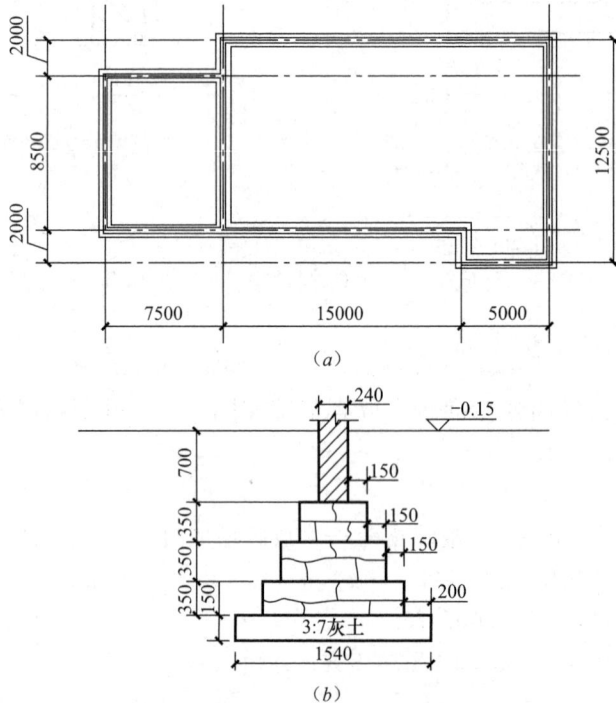

【例 4-6】 如图 4-18 所示，该图是某酒店雨篷下独立砖柱，试计算该砖柱的清单工程量。

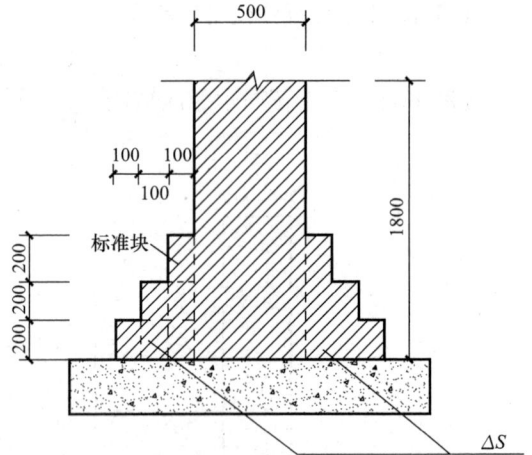

（a）

（b）

图 4-17 某基础工程示意图（单位：mm）

（a）基础平面图；（b）基础剖面大样图

【解】

（1）独立砖基础工程量

$$V_{基础} = 1.4 \times 1.4 \times 0.18 + (1.4 - 0.15 \times 2) \times (1.4 - 0.15 \times 2)$$
$$\times 0.18 + (1.4 - 0.15 \times 4) \times (1.4 - 0.15 \times 4)$$
$$\times 0.18 + 0.5 \times 0.5 \times (0.65 - 0.18 \times 3) = 0.71m^3$$

（2）砖柱工程量

$$V_{砖柱} = 0.5 \times 0.5 \times 6.5 = 1.63m^2$$

【例 4-7】 某建筑采用 M5 水泥砂浆砌砖基础，如图 4-19
所示，试计算其工程量（墙厚均为 240mm）。

【解】

（1）外墙中心线长

$$(25.4 + 13.9) \times 2 = 78.6m$$

（2）内墙净长

$$(5.8 - 0.24) \times 8 = 44.48m$$

（3）C-C 基础长

$$(25.4 - 0.24) + (7.3 + 2.0) \times 2 = 43.76m$$

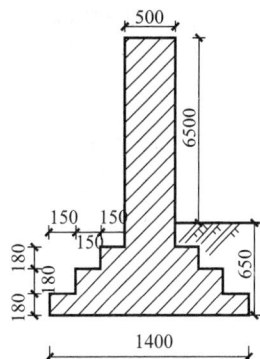

图 4-18 独立砖柱
示意图（单位：mm）

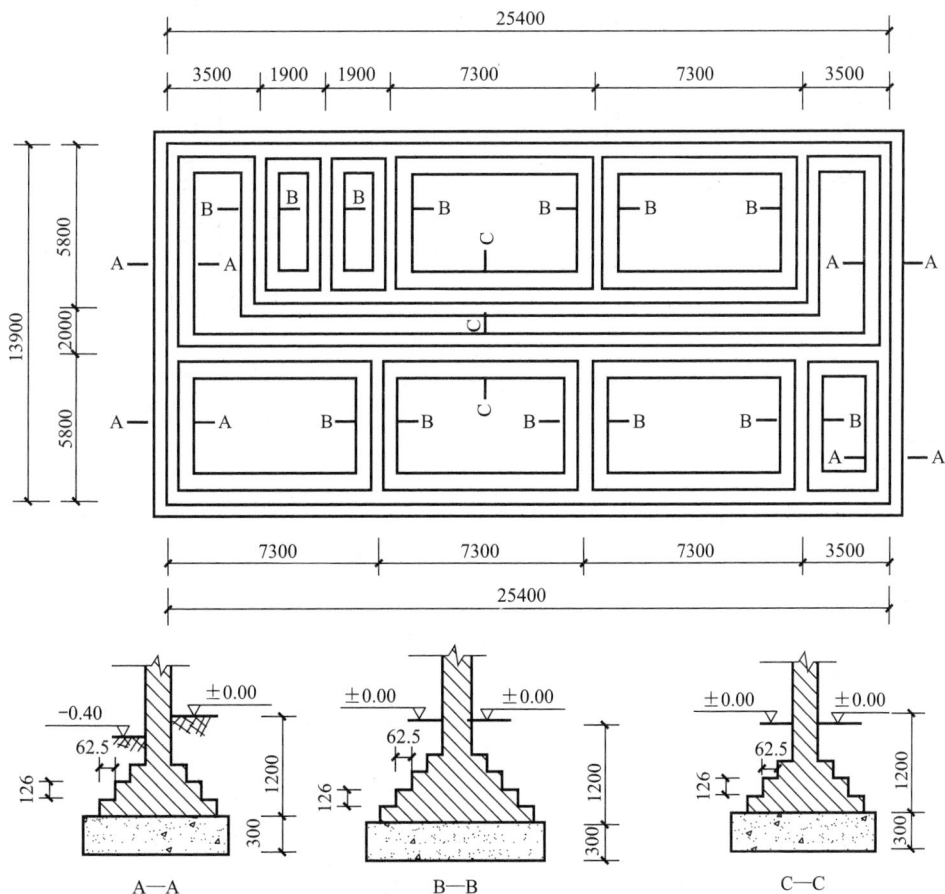

图 4-19 某建筑示意图

（4）砖基础体积

1）A-A基础：

$$0.24 \times (1.2 + 0.394) \times 78.6 = 30.07\text{m}^3$$

2）B-B基础：

$$0.24 \times (1.2 + 0.656) \times 44.48 = 19.81\text{m}^3$$

3）C-C基础：

$$0.24 \times (1.2 + 0.394) \times 43.76 = 16.74\text{m}^3$$

$$V = [墙长(L_{中}) \times 墙高(H) - 门窗洞口面积 - 0.3\text{m}^2 \text{ 以上其他洞口面积}] \times 墙厚$$
$$= 30.07 + 19.81 + 16.74 = 66.62\text{m}^3$$

【例 4-8】 某传达室如图 4-20 所示，砖墙体用 M2.5 混合砂浆砌筑，M1 为 1200mm×2400mm，M2 为 1000mm×2400mm，C1 为 1500mm×1500mm，门窗上部均设过梁，断面为 240mm×180mm，长度按门窗洞口宽度每边增加 250mm；外墙均设圈梁（内墙不设），断面为 240mm×240mm。计算墙体工程量。

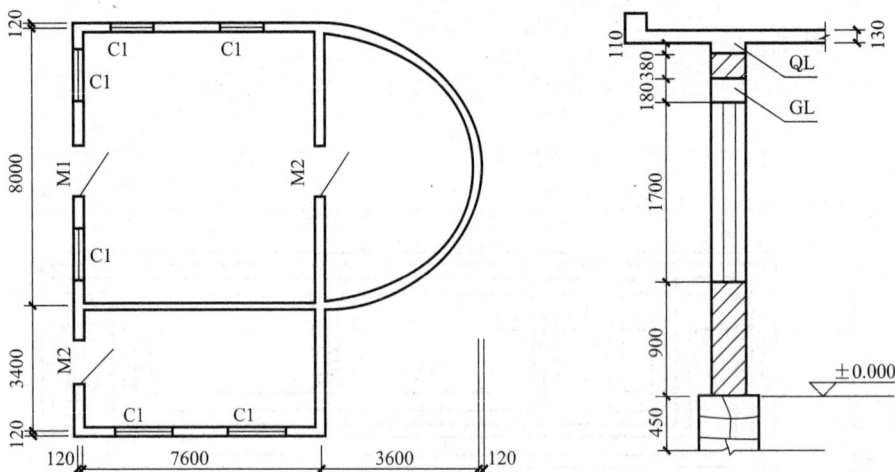

图 4-20　某传达室示意图

【解】

（1）外墙工程量

1）外墙中心线长度：

$$7.6 + 3.6 \times 3.14 + 3.4 + 7.6 + 3.4 + 8 = 41.30\text{m}$$

2）外墙高度：

$$0.9 + 1.7 + 0.18 + 0.38 = 3.16\text{m}$$

3）M1 面积：

$$1.2 \times 2.40 = 2.88\text{m}^2$$

4）M2 面积：

$$1 \times 2.4 = 2.4\text{m}^2$$

5）C1 面积：

$$1.5 \times 1.5 = 2.25\text{m}^2$$

6）M1GL 体积：

$$0.24 \times 0.18 \times (1.2+0.5) = 0.073\text{m}^3$$

7）M2GL 体积：

$$0.24 \times 0.18 \times (1+0.5) = 0.065\text{m}^3$$

8）C1GL 体积：

$$0.24 \times 0.18 \times (1.5+0.5) = 0.086\text{m}^3$$

9）外墙面积：

$$(41.30 \times 3.16 - 2.88 - 2.4 - 2.25 \times 6) \times 0.24 - 0.073 - 0.065 - 0.086 \times 6 = 26.16\text{m}^3$$

（2）内墙工程量

1）内墙净长线长度：

$$7.6 - 0.24 + 8 - 0.24 = 15.12\text{m}$$

2）内墙高度：

$$0.9 + 1.7 + 0.18 + 0.38 + 0.11 + 0.13 = 3.4\text{m}$$

3）内墙面积：

$$(15.12 \times 3.4 - 2.4) \times 0.24 - 0.065 = 11.70\text{m}^3$$

（3）墙体总工程量

墙体工程量 = 外墙工程量 + 内墙工程量 = 26.16 + 11.70 = 37.86m^3

【例 4-9】 求图 4-21 所示的墙体工程量。

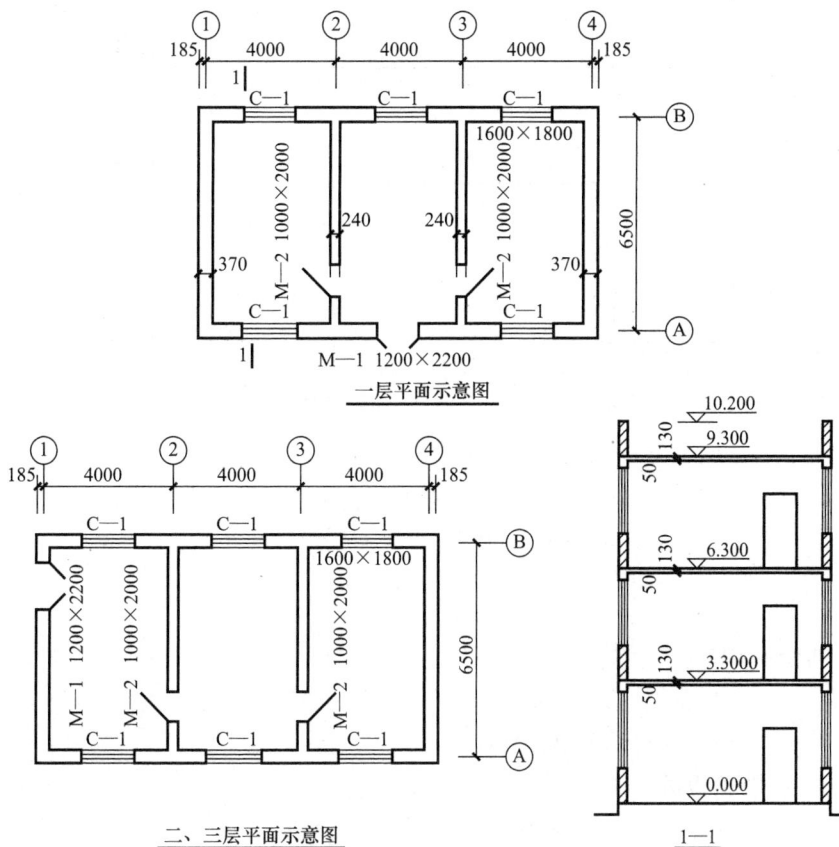

图 4-21 某工程平、剖面示意图

【解】

（1）外墙工程量

1）外墙中心线长度：

$$L_{外} = (4 \times 3 + 6.5) \times 2 = 37m$$

2）外墙面积：

$$S_{外} = 37 \times (3.3 + 3 \times 2 + 0.9) - 1.2 \times 2.2 \times 3 - 1.6 \times 1.8 \times 17 = 320.52m^2$$

（2）内墙工程量

1）内墙净长度：

$$L_{内} = (6.5 - 0.365) \times 2 = 12.27m$$

2）内墙面积：

$$S_{内墙} = 12.27 \times (9.3 - 0.13 \times 3) - 1 \times 2 \times 6 = 97.33m^2$$

（3）墙体总工程量

$$V = (320.52 \times 0.365 + 97.33 \times 0.24) - [(4 \times 3 + 6.5) \times 2 \times 0.365 \times 0.18$$
$$+ (6.5 - 0.365) \times 2 \times 0.24 \times 0.18] = 137.39m^3$$

【例 4-10】 某单层建筑物如图 4-22 所示，试计算其砖墙工程量。

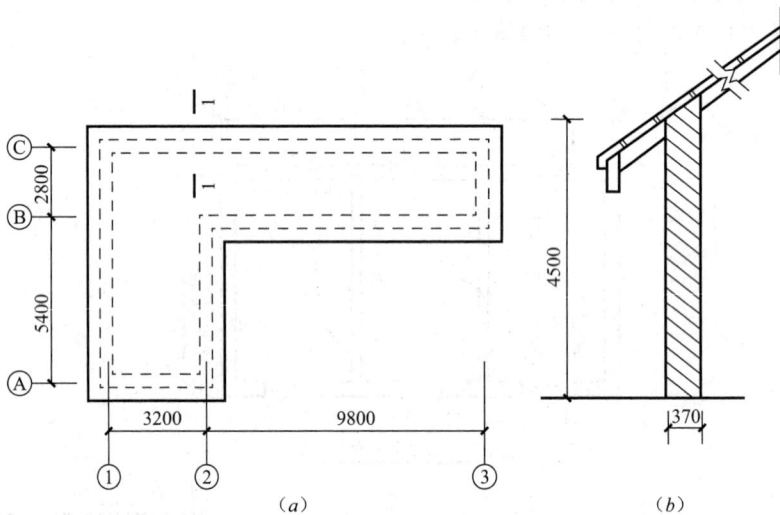

图 4-22 某建筑砖墙示意图

（a）平面图；（b）1-1 剖面图

【解】

（1）外墙中心线长度

$$L = (3.2 + 9.8 + 5.4 + 2.8) \times 2$$
$$= 42.4m$$

（2）实心撞墙工程量

$$V = 42.4 \times 0.37 \times 4.5$$
$$= 70.60m^3$$

【例 4-11】 某构筑物如图 4－23 所示，挖孔桩护壁共 88 个，每个高 7.8m，护壁厚 120mm，试计算砖砌体护壁工程量。

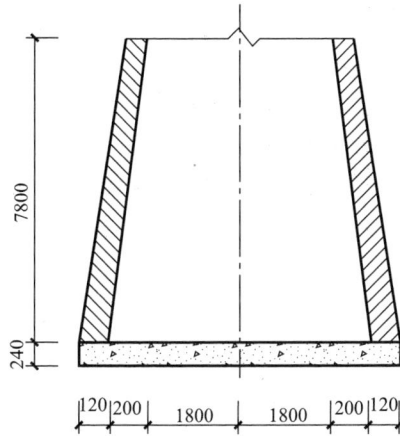

图 4-23 挖孔桩砖护壁示意图

【解】

（1）挖孔的截面半径

$$R = 1.8 + 0.2 + 0.12$$
$$= 2.12m$$

（2）护壁的总体积

$$V = 2\pi R \times 0.12 \times 7.8 \times 88$$
$$= 2 \times 3.14 \times 2.12 \times 0.12 \times 7.8 \times 88$$
$$= 1096.61m^3$$

【例 4-12】 计算如图 4-24 所示的砖台阶工程量。

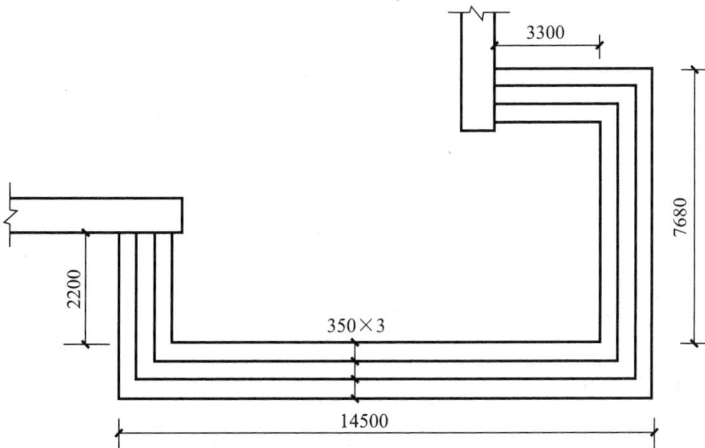

图 4-24 砖台阶示意图

【解】

砖砌台阶工程量

$$S = (2.2 + 14.5 + 7.68 + 3.3) \times (0.35 \times 3)$$
$$= 27.68 \times 1.05$$
$$= 29.06 \text{m}^2$$

【例 4-13】 如图 4-25 所示，已知毛石护坡 280m，M5 水泥砂浆砌筑，水泥砂浆勾凸缝，毛石表面按整砌毛石处理，试编分部分项工程和单价措施项目清单与计价表及综合单价分析表。

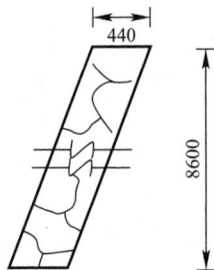

图 4-25 毛石护坡

【解】

(1) 清单工程量

$$V = 0.44 \times 8.60 \times 280 = 1059.52 \text{m}^3$$

(2) 消耗量定额工程量

砌筑：$V = 1059.52 \text{m}^3$

毛石表面勾缝：$S = 280 \times 8.60 = 2408 \text{m}^2$

毛石表面处理：$S = 280 \times 8.60 = 2408 \text{m}^2$

(3) 毛石护坡 工程量 1059.52m^3

① 人工费：$311.52 \times 1059.52/10 = 33006.167$ 元

② 材料费：$934.45 \times 1059.52/10 = 99006.846$ 元

③ 机械费：$26.97 \times 1059.52/10 = 2857.525$ 元

小计：134870.53 元

(4) 毛石表面勾缝 工程量 2408m^2

① 人工费：$20.24 \times 2408/10 = 4873.792$ 元

② 材料费：$5.73 \times 2408/10 = 1379.784$ 元

③ 机械费：$0.25 \times 2408/10 = 60.2$ 元

小计：6313.77 元

(5) 表面处理 工程量 2408m^2

① 人工费：$109.12 \times 2408/10 = 26276.096$ 元

② 材料费：$48.90 \times 2408/10 = 11775.12$ 元

③ 机械费：无

小计：38051.21 元

(6) 综合

直接费合计：179235.52 元

管理费：$179235.52 \times 35\% = 62732.43$ 元

利润：$179235.52 \times 5\% = 8961.77$ 元

合价：$179235.52 + 62732.43 + 8961.77 = 250929.72$ 元

综合单价：$250929.72 \div 1059.52 = 236.83$ 元

分部分项工程和单价措施项目清单与计价表、综合单价分析表见表 4-6 和表 4-7。

分部分项工程和单价措施项目清单与计价表

表 4-6

工程名称：某毛石护坡砌筑工程　　　　　　　标段：　　　　　　　　第　页　共　页

序号	项目编号	项目名称	项目特征描述	计量单位	工程量	金额/元	
						综合单价	合价
1	010403007001	毛石护坡	1. 石料种类：MU20 毛石 2. 护坡厚度：440mm 3. 石表面加工要求：毛石表面按整砌毛石处理 4. 勾缝要求：水泥砂浆勾凸缝 5. 砂浆强度等级：M5 水泥砂浆	m³	1059.52	236.83	250926.12
			合计				250926.12

综合单价分析表

表 4-7

工程名称：某毛石护坡砌筑工程　　　　　　　标段：　　　　　　　　第　页　共　页

项目编码	010403007001	项目名称		毛石护坡	计量单位		m³	工程量		1059.52

综合单价组成明细

定额编号	定额名称	定额单位	数量	单价/元				合价/元			
				人工费	材料费	机械费	管理费和利润	人工费	材料费	机械费	管理费和利润
3-2-4	毛石护坡	10m³	0.1	311.52	934.45	26.97	509.176	31.15	93.45	2.70	50.92
9-2-65	石表面勾缝	10m²	0.227	20.24	5.73	0.25	10.488	4.60	1.31	0.06	2.40
3-2-10	表面处理	10m²	0.227	109.12	48.90	—	63.208	24.78	11.10	—	14.36
人工单价			小计					60.53	105.86	2.76	67.68
28 元/工日			未计价材料费					—			
	清单项目综合单价							236.83			

5 混凝土及钢筋混凝土工程手工算量与实例精析

5.1 混凝土及钢筋混凝土工程工程量手算方法

5.1.1 现浇混凝土基础工程量

1. 现浇钢筋混凝土带形基础（有梁）

（1）计算公式

$$V = 基础断面积 \times 基础长度$$

即：

$$V = [B \times h_1 + (B+b) \times h_2/2 + b \times h_3] \times L_{1槽}(m^3)$$

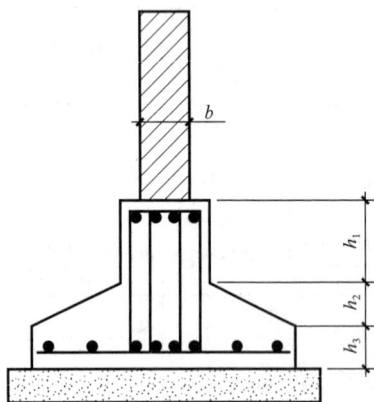

图 5-1 有梁式带形基础

式中　h_1、h_2、h_3——如图 5-1 所示；

B——基础底宽度（m）；

b——基础梁宽度（m）；

$L_{1槽}$——断面基础的槽长（m）；

C——工作面宽度；

$B \times h_1$——基础矩形截面面积；

$(B+b) \times h_2/2$——基础梯形截面面积；

$b \times h_3$——基础梁断面面积。

（2）清单工程量计算规则及说明

按设计图示尺寸以体积计算。不扣除伸入承台基础的桩头所占体积。

1）带形基础定义：从基础结构而言，凡墙下的长条形基础，或柱和柱间距离较近而连接起来的条形基础，都称为带形基础。但预算中的带形基础，是指需要支立模板的混凝土条形基础，才按带形基础项目套用。对于未使用模板而就槽形浇注的条形混凝土基础，则按混凝土垫层执行。

2）基础长度：外墙基础按中心线，内墙基础按净长线计算。

3）带形基础分有肋带形基础与无肋带形基础，应分别编码（例项）。

4）肋高大于5倍肋厚时，肋应按墙计算。

（3）定额工程量计算规则及说明

带形基础：不分有梁式与无梁式，分别按毛石混凝土、混凝土、钢筋混凝土基础计算。凡有梁式带形基础，其梁高（指基础扩大顶面至梁顶面的高）超过1.2m时，其基础底板按带形基础计算，扩大顶面以上部分按混凝土墙项目计算。

2. 现浇钢筋混凝土独立基础

（1）阶梯形独立基础

1）计算公式：

$$V = (a_1 \times b_1 \times H_1) + (a_2 \times b_2 \times H_2) + (a_3 \times b_3 \times H_3)(\text{m}^3)$$

2）工程量计算规则：

独立基础：应分别按毛石混凝土和混凝土独立基础，以设计图示尺寸的实体积计算，其高度从垫层上表面算至柱基上表面。现浇独立柱基与柱的划分（如图5-2所示）：高度 H 为相邻下一个高度 H_1 的2倍以内者为柱基，2倍以上者为柱身，套用相应柱的项目。

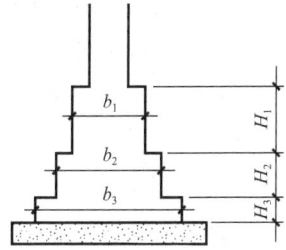

图5-2　阶梯形独立基础

（2）截锥形独立基础

1）计算公式：

$$V_z = \frac{h_2}{3}(a_1 b_1 + \sqrt{a_1 b_1 a_2 b_2} + a_2 b_2)$$

或

$$V_z = \frac{h_2}{6}\left[a_1 b_1 + (a_1 + a_2)(b_1 + b_2) + a_2 b_2\right]$$

$$V_d = a_1 \cdot b_1 \cdot h_1 + V_z$$

式中　V_d——独立基础的体积；

　　　　V_z——独立基础截锥部分的体积。

2）工程量计算规则：

独立基础：应分别按毛石混凝土和混凝土独立基础，以设计图示尺寸的实体积计算，其高度从垫层上表面算至柱基上表面。现浇独立柱基与柱的划分［如"现浇钢筋混凝土独立基础（阶梯形）"中图5-3所示］：高度 H 为相邻下一个高度 H_1 的2倍以内者为柱基，2倍以上者为柱身，套用相应柱的项目。

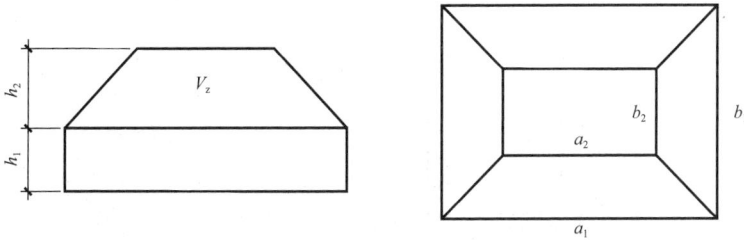

图5-3　截锥形独立基础

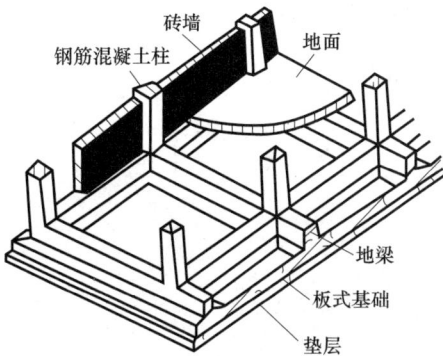

图5-4　有梁式筏形基础

3. 现浇钢筋混凝土筏形基础

（1）现浇钢筋混凝土筏形基础（有梁）（图5-4）

1）计算公式：

工程量 ＝基础底板面积×板厚
　　　　＋梁截面面积×梁长

或

$$V = a \times b \times h + V_{\text{基础梁}}(\text{m}^3)$$

式中　a——筏形基础的长（m）；

　　　　b——筏形基础的宽（m）；

　　　　h——筏形基础的高（m）；

$V_{基础梁}$——基础梁的体积（m^3）。

2）工程量计算规则：

筏形基础不分有梁式与无梁式，均按筏形基础项目计算。筏形基础有扩大或角锥形柱墩时，应并入筏形基础内计算。筏形基础梁高超过 1.2m 时，底板按筏形基础项目计算，梁按混凝土墙项目计算。

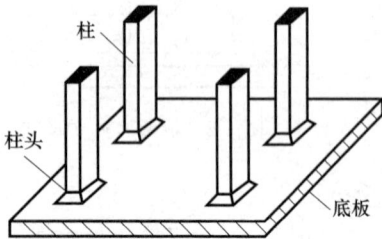

图 5-5 无梁式筏形基础

（2）现浇钢筋混凝土筏形基础（无梁）（图 5-5）

1）计算公式：

工程量 = 底板面积×板厚＋柱墩体积×柱墩个数

或

$$V = a \times b \times h (m^3)$$

式中 a——筏形基础的长（m）；

b——筏形基础的宽（m）；

h——筏形基础的高（m）。

2）工程量计算规则：

筏形基础不分有梁式与无梁式，均按筏形基础项目计算。筏形基础有扩大或角锥形柱墩时，应并入筏形基础内计算。筏形基础梁高超过 1.2m 时，底板按筏形基础项目计算，梁按混凝土墙项目计算。

（3）现浇钢筋混凝土筏形基础（箱式）（图 5-6）

1）计算公式：

$$V = V_{底板} ＋ V_{墙} ＋ V_{顶板} ＋ V_{底板} ＋ V_{梁} ＋ V_{柱} (m^3)$$

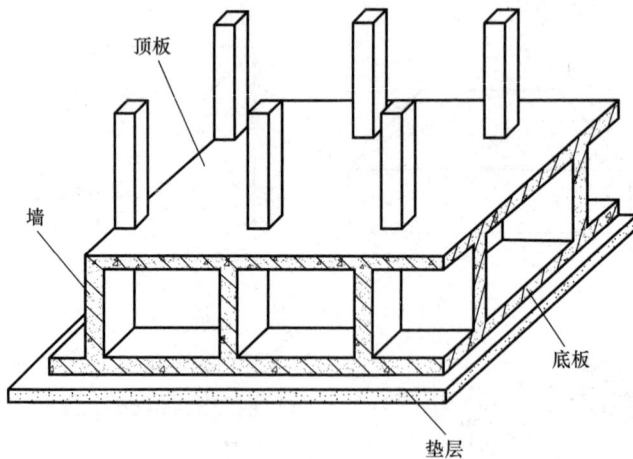

图 5-6 箱式筏形基础

其中：

$$V_{底板} = 板面积×板厚$$
$$V_{墙} = 墙板面积×墙板厚$$
$$V_{梁} = 梁断面积×梁长$$
$$V_{柱} = 柱断面积×柱高$$

2）工程量计算规则：

箱式筏形基础应分别按筏形基础、柱、墙、梁、板的有关规定计算。

4. 现浇钢筋混凝土锥形基础

（1）计算公式

$$圆柱部分 V_1 = \pi r_1^2 h_1 (\text{m}^3)$$

$$圆台部分 V_2 = \frac{1}{3}\pi h_2 (r_1^2 + r_2^2 + r_1 r_2)(\text{m}^3)$$

式中符号含义参见图 5-7 所示。

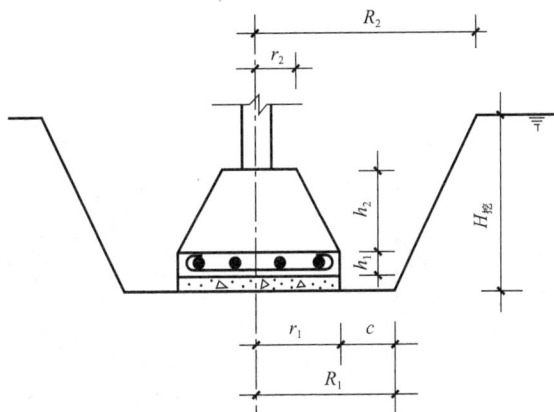

图 5-7　现浇钢筋混凝土锥形基础

（2）工程量计算规则

应分别按毛石混凝土和混凝土独立基础，以设计图示尺寸的实体积计算，其高度从垫层上表面算至柱基上表面。现浇独立柱基与柱的划分［如"现浇钢筋混凝土独立基础（阶梯形）"中图所示］：H 高度为相邻下一个高度 H_1 的 2 倍以内者为柱基，2 倍以上者为柱身，套用相应柱的项目。

5. 现浇钢筋混凝土杯形基础

（1）计算公式

$$V = V_1 - V_2 (\text{m}^3)$$

式中　V_1——不扣除杯口的杯形基础的体积（m³）。

V_2——杯口的体积（m³），推荐经验公式：

$$V_2 \approx h_b (a_d + 0.025)(b_d + 0.025)$$

h_b——杯口高（m）；

a_d——杯口底长（m）；

b_d——杯口底宽（m）。

（2）工程量计算规则

1）杯形基础工程量按图示几何体的体积计算，扣除杯口部分所占体积。

2）杯形基础连接预制柱的杯口底面至基础扩大顶面（H）高度在 0.50m 以内的按杯形基础项目计算；在 0.50m 以上，H 部分按现浇柱项目计算，其余部分套用杯形基础项目。

3）预制混凝土构件除另有规定外均按图示尺寸以实体积计算，不扣除构件内钢筋、铁件所占体积。

6. 桩承台基础

（1）计算公式

1）独立承台（图 5-8）：

$$V = V_{长方体} \times n$$

2）带形承台（图 5-9）：

$$V = 承台断面积 \times 承台长度$$

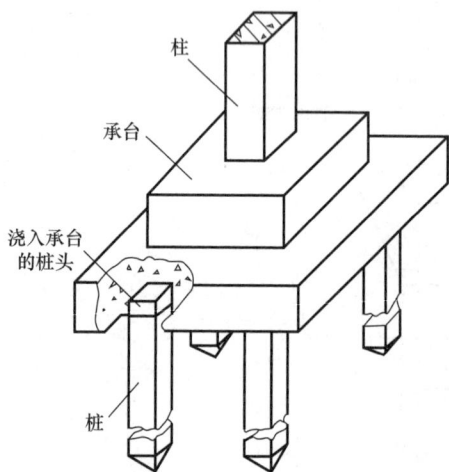

图 5-8　独立承台

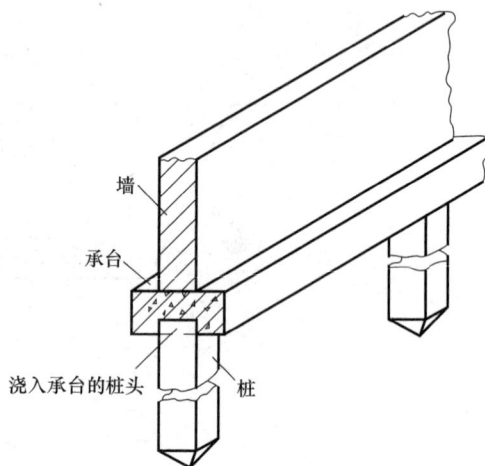

图 5-9　带形承台

（2）工程量计算规则及说明

桩承台基础工程量按设计图示尺寸以体积计算。不扣除伸入承台基础的桩头所占体积。

5.1.2　现浇混凝土柱、墙工程量

1. 现浇钢筋混凝土矩形柱

（1）计算公式

$$V = S \times H(\text{m}^3)$$

式中　S——柱的断面积（m²）；

　　　H——柱高（m）。

（2）工程量计算规则及说明

按设计图示尺寸以体积计算。不扣除构件内钢筋，预埋铁件所占体积。型钢混凝土柱扣除构件内型钢所占体积。

1）柱高：

① 有梁板柱［图 5-10（a）］的柱高，应自柱基上表面（或楼板上表面）至上一层楼板上表面之间的高度计算。

② 无梁板柱［图 5-10（b）］的柱高，应自柱基上表面（或楼板上表面）至柱帽下表面之间的高度计算。

③ 框架柱 [图 5-10 (c)] 的柱高：应自柱基上表面至柱顶高度计算。

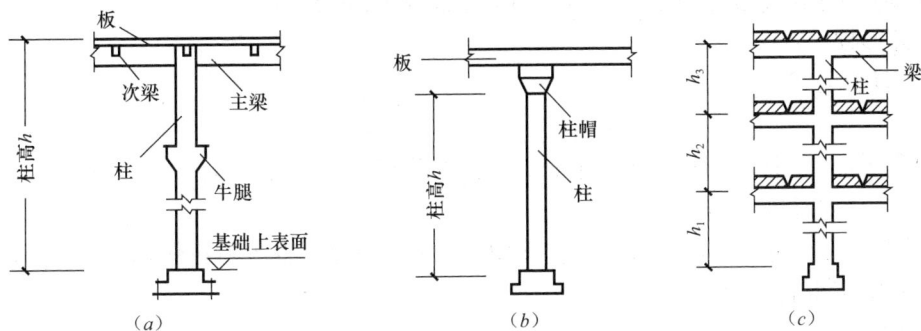

图 5-10　钢筋混凝土柱
(a) 有梁板柱；(b) 无梁板柱；(c) 框架柱

2) 依附柱上的牛腿和升板的柱帽，并入柱身体积计算。

3) 混凝土墙中的暗柱、暗梁，并入相应墙体积内，不单独计算。

2. 现浇钢筋混凝土构造柱

(1) 计算公式

$$V = S' \times H(\mathrm{m}^3)$$

式中　S'——构造柱的平均断面积（m²）；

　　　H——构造柱的高（m）。

(2) 工程量计算规则及说明

构造柱（图 5-11）工程量按设计图示尺寸以体积计算。不扣除构件内钢筋，预埋铁件所占体积。型钢混凝土柱扣除构件内型钢所占体积。

构造柱高度应按自柱基上表面至柱顶面的高度计算，嵌接墙体部分（马牙槎）并入柱身体积。

1) 构造柱的定义：为提高多层建筑砌体结构的抗震性能，规范要求应在房屋的砌体内适宜部位设置钢筋混凝土柱并与圈梁连接，共同加强建筑物的稳定性。这种钢筋混凝土柱称为构造柱。

2) 马牙槎：与构造柱连接处的墙应砌成马牙槎，每一个马牙槎沿高度方向的尺寸不应超过 300mm 或 5 皮砖高，马牙槎从每层柱脚开始，应先退后进，进退相差 1/4 砖。

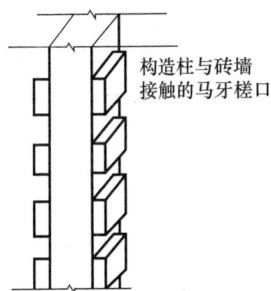

图 5-11　构造柱

3. 现浇钢筋混凝土圆形柱

(1) 计算公式

$$V = \pi r^2 \times H(\mathrm{m}^3)$$

式中　πr^2——柱的断面积（m²）；

　　　H——柱高（m）；

　　　r——柱的半径（m）。

(2) 工程量计算规则

圆形及正多边形柱按图示尺寸以实体积计算工程量。柱高按柱基上表面或楼板上表面至柱顶上表面的高度计算。无梁楼板的柱高，应按自柱基上表面或楼板上表面至柱头（帽）下表面的高度计算。依附于柱上的牛腿应并入柱身体积内计算。

4. 异形柱

（1）计算公式

$$V = V_{长方形体} + V_{长方形体} + \cdots\cdots$$

式中　$V_{长方形体}$——将异形柱分成若干长方形体的体积，长度按矩形柱的长计算。

（2）工程量计算规则

按设计图示尺寸以体积计算。不扣除构件内钢筋，预埋铁件所占体积。型钢混凝土柱扣除构件内型钢所占体积。

1）柱高：

① 有梁板的柱高，应自柱基上表面（或楼板上表面）至上一层楼板上表面之间的高度计算。

② 无梁板的柱高，应自柱基上表面（或楼板上表面）至柱帽下表面之间的高度计算。

③ 框架柱的柱高：应自柱基上表面至柱顶高度计算。

④ 构造柱按全高计算，嵌接墙体部分（马牙槎）并入柱身体积。

2）依附柱上的牛腿和升板的柱帽，并入柱身体积计算。

异形柱的定义：截面几何形状为L形、T形和十字形（图5-12），且截面各肢的肢高肢厚比不大于4的柱。异形柱是异形截面柱的简称。这里所谓"异形截面"，是指柱截面的几何形状与矩形截面相异而言。

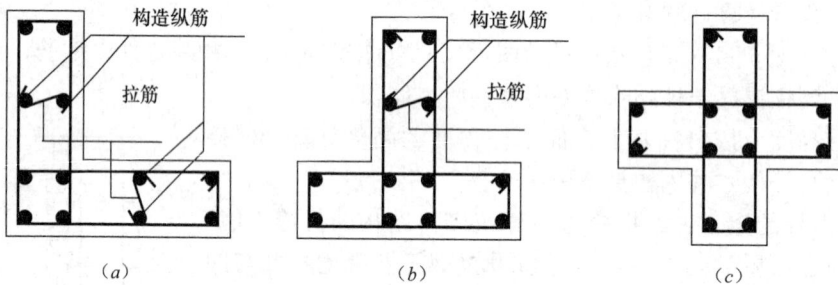

图 5-12　异形柱
（a）L形异形柱；（b）T形异形柱；（c）十字形异形柱

5. 现浇混凝土墙

（1）计算公式

$$V = B \times H \times L (\text{m}^3)$$

式中　B——混凝土墙的厚度（m）；

　　　H——混凝土墙的高度（m）；

　　　L——混凝土墙的长度（m）。

（2）工程量计算规则及说明

1）现浇混凝土墙工程量按图示墙长度乘以墙高度及厚度，以立方米（m³）计算。

2）计算各种墙体积时，应扣除门窗洞口及 0.3m² 以上的孔洞体积。

3）墙垛及突出部分并入墙体积内计算。

5.1.3 现浇混凝土梁工程量

1. 现浇钢筋混凝土基础梁

（1）计算公式

$$V = \Sigma(S \times L)(m^3)$$

式中　S——基础梁的断面积（m^2）；

　　　L——基础梁的长度（m）。

（2）工程量计算规则及说明

现浇钢筋混凝土基础梁工程量按图示断面尺寸乘以梁长以立方米计算。各种梁的长度按下列规定计算：梁与柱交接时，梁长算至柱侧面；次梁与主梁交接时，次梁长度算至主梁侧面。

伸入墙内的梁头或梁垫体积并入梁的体积内计算。

1）基础梁是基础上的梁如图 5-13 所示。基础梁一般用于框架结构、框架剪力墙结构，框架柱落于基础梁上或基础梁交叉点上，其作用是作为上部建筑的基础，将上部荷载传递到地基上。

2）基础梁和地圈梁区别：基础梁作为基础，起到承重和抗弯功能，一般基础梁的截面较大。地圈梁一般用于砖混、砌体结构中，不起承重作用，对砌体有约束作用，有利于抗震。是设在正负零以下承重墙中，按构造要求设置连续闭合的梁，一般用在条形砖基础中。

2. 现浇钢筋混凝土圈梁

（1）计算公式

圈梁 QL-1：

$$梁长 \times 断面面积(m^3)$$

圈梁 QL-2：

$$梁长 \times 断面面积(m^3)$$

圈梁 QL-3：

$$梁长 \times 断面面积(m^3)$$

······

扣圈梁兼过梁：

$$-\Sigma\big[(洞口宽+0.5) \times 断面面积 \times 洞数\big](m^3)$$

扣与柱重叠部分：

$$\frac{-\Sigma(柱宽 \times 圈梁断面面积 \times 交点数)(m^3)}{工程量总计：(m^3)}$$

式中　Σ——不同宽度洞口、不同断面圈梁算出的体积之和及不同宽度柱、不同断面圈梁计算的体积之和。

（2）工程量计算规则

1）圈梁通过门窗洞口时，可按门窗洞口宽度两端共加 50cm 并按过梁项目计算，其他

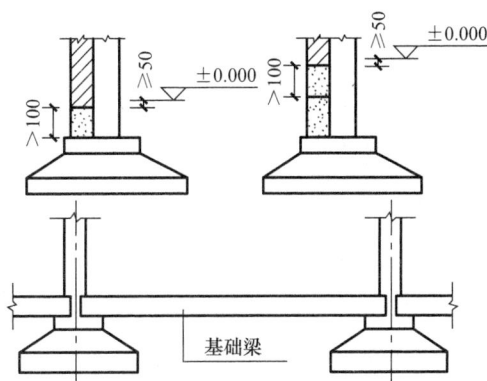

图 5-13　基础梁及其布置示意图

73

按圈梁计算。

2）圆形圈梁及地圈梁套用圈梁项目。

3）柱与圈梁相交时，要从圈梁中扣除柱占的体积，但不要从圈梁长度中扣除柱占的长度，因为钢筋通过柱，计算钢筋要利用圈梁长度。

4）圈梁与阳台挑梁伸入内墙的部分相连接时，及外墙上圈梁与阳台过梁相连接时，圈梁的长度应算至与阳台梁相交处，及内横墙圈梁长要扣除阳台挑梁长，外纵墙圈梁长要扣除阳台的过梁长。

① 圈梁定义：砌体结构房屋中，砌体内沿水平方向设置封闭的钢筋混凝土梁，在墙体上部，紧挨楼板的钢筋混凝土梁叫上圈梁。在房屋的基础上部的连续的钢筋混凝土梁叫基础圈梁。圈梁用以提高房屋空间刚度、增加建筑物的整体性、提高砖石砌体的抗剪、抗拉强度，防止由于地基不均匀沉降、地震或其他较大振动荷载对房屋的破坏。

② 基础梁和地圈梁区别：地圈梁通常指的是沿建筑物外墙下面设置的，而基础梁一般指的是中间部分的地梁等

基础梁也可叫地梁或地基梁，指基础上的梁。基础梁一般用于框架结构、框架剪力墙结构，框架柱落于基础梁上或基础梁交叉点上，其主要作用是作为上部建筑的基础，将上部荷载传递到地基土上，基础梁作为基础，起到承重和抗弯功能。

地圈梁是设在正负零以下承重墙中，按构造要求设置连续闭合的梁，一般是用在条形基础上面。地圈梁的作用主要是调节可能发生的不均匀沉降，加强基础的整体性，对砌体有约束作用，有利于抗震。也使地基反力更均匀点，同时还具有圈梁的作用和防水防潮的作用，地圈梁不起承重作用。

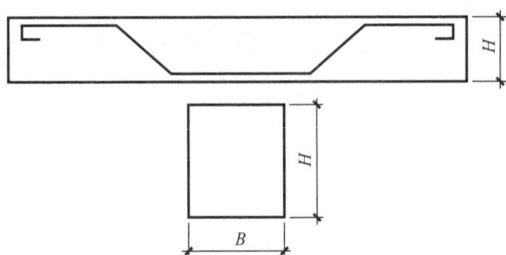

图 5-14　现浇钢筋混凝土连续梁

3. 现浇钢筋混凝土连续梁

（1）计算公式（图 5-14）

$$V = B \times H \times L(\mathrm{m^3})$$

式中　B——梁的宽度（m）；

　　　H——梁的高度（m）；

　　　L——梁的长度（m）。

（2）工程量计算规则

梁按图示断面尺寸乘以梁长，以立方米计算。

梁与柱交接时，梁长算至柱侧面。次梁与主梁交接时，次梁长度算至主梁侧面，伸入墙内的梁头或梁垫体积应并入梁的体积内计算。

5.1.4　现浇混凝土板工程量

1. 现浇钢筋混凝土楼板

（1）计算公式

1）有梁板（图 5-15）：

有梁板工程量 ＝ 板体积＋梁体积－洞体积

板体积 ＝ 板面积×板厚

梁体积 ＝ 梁断面积×梁长

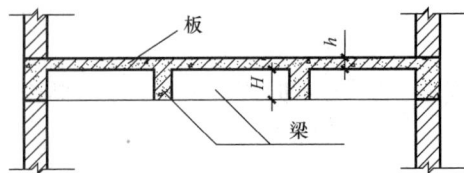

图 5-15　有梁板

2）无梁板、平板：

$$无梁板工程量 = 板面积 \times 板厚 - 洞体积$$

或

B_1 板：长×宽×厚（m³）

B_2 板：长×宽×厚（m³）……

扣除板上的洞：$-\Sigma$（洞面积×板厚）（m³）

$V = B_1$ 板体积 $+ B_2$ 板体积 $+ \cdots + \Sigma$ 柱帽体积 $- \Sigma$（洞面积×板厚）

（2）工程量计算规则

1）现浇钢筋混凝土板按设计图示尺寸以体积计算。不扣除构件内钢筋、预埋铁件及单个面积≤0.3m² 的柱、垛以及孔洞所占体积。

2）有梁板是指由梁和板连成一体的钢筋混凝土板。凡带有梁（包括主、次梁）的楼板，梁和板的工程量分别计算，梁的高度算至板的底面，梁、板分别套用相应项目。

3）无梁板是指不带梁，直接由柱支撑的板，无梁板体积按板与柱头（帽）的和计算。

4）压形钢板混凝土楼板扣除构件内压形钢板所占体积，薄壳板的肋、基梁并入薄壳体积内计算。

① 有梁板定义：有梁板是指由梁和板连成一体的钢筋混凝土板。

② 有梁板、无梁板、平板的区别：

有梁板的特征是，砖混结构中的板，梁下无墙，一般都按有梁板算。施工时梁下模板支撑体系与板是一体的。拆模的时候，一齐拆除。

无梁板的特征是，板下无梁，板是直接将荷载传给柱的。

平板的特征是，如果是砖墙上平板，直接浇注在墙上或与圈梁浇注一起。

③ 各类板伸入墙内的板头并入板体积内计算，与圈、过梁连接时，外墙算至梁内侧；内墙按板计算，圈、过梁算至板下。

④ 预制板补缝宽度在 60mm 以上时，按现浇平板计算。

2. 现浇钢筋混凝土雨篷

（1）计算公式

1）直形雨篷（图 5-16）：

$$V = A \times B \times H（m³）$$

式中　A——雨篷的长度（m）；

　　　B——雨篷的宽度（m）；

　　　H——雨篷的厚度（m）。

2）弧形雨篷：

$$V = A \times B \times H + S_弧 \times H（m³）$$

式中　A——雨篷的长度（m）；

　　　B——雨篷的宽度（m）；

　　　H——雨篷的厚度（m）；

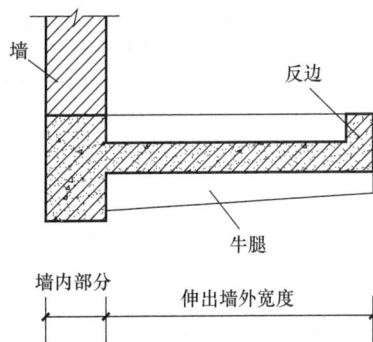

图 5-16　雨篷示意图

　　　$S_弧$——弧形部分的雨篷的面积（根据实际尺寸计算）。

（2）工程量计算规则

1）雨篷按图示尺寸以实体积计算。伸入墙内部分的梁及通过门窗口的过梁应合并按过梁项目另行计算。雨篷如伸出墙外超过 1.50m 时，梁、板分别计算，套用相应项目。

2）包括伸出墙外的牛腿和雨篷反挑檐的体积。

3）雨篷四周外边沿的弯起，如其高度（指板上表面至弯起顶面）超过 6cm 时，按全高计算，套用栏板项目。

3. 现浇钢筋混凝土挑檐

（1）计算公式

$$V = (B + H) \times h \times L (\mathrm{m}^3)$$

式中　B——挑檐的宽度（m）；

　　　H——挑檐的高度（m）；

　　　h——挑檐的厚度（m）；

　　　L——挑檐的长度（m）。

（2）工程量计算规则

1）挑檐如图 5-17 所示，挑檐天沟工程量按实体积计算。

2）当与板（包括屋面板、楼板）连接时，以外墙身外边缘为分界线；当与圈梁（包括其他梁）连接时，以梁外边线为分界线。

3）外墙外边缘以外或梁外边线以外为挑檐天沟。

4）挑檐天沟壁高度在 40cm 以内时，套用挑檐项目；挑檐天沟壁高度超过 40cm 时，按全高计算，套用栏板项目。

4. 现浇钢筋混凝土阳台板

（1）计算公式

1）直形阳台板（图 5-18）：

$$V = L \times b \times H (\mathrm{m}^2)$$

式中　L——阳台长度（m）；

　　　b——阳台宽度（m）；

　　　H——阳台的厚度（m）。

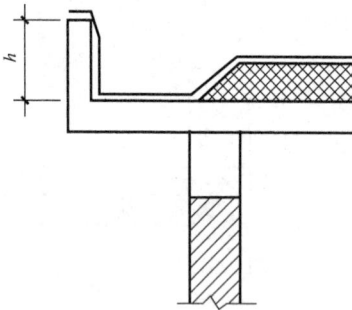

图 5-17　挑檐

注：当 $h \leqslant 400\text{mm}$ 时，按挑檐计算；当 $h > 400\text{mm}$ 时，
h 部分按栏板计算。

图 5-18　直形阳台板

2）弧形阳台板：

$$V = A \times B \times H + S_{弧} \times H (\mathrm{m}^3)$$

式中　A——阳台的长度（m）；

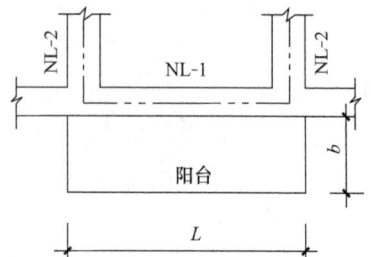

B——阳台的宽度（m）；

H——阳台的厚度（m）；

$S_弧$——弧形部分的阳台的面积（根据实际尺寸计算）。

（2）工程量计算规则

1）弧形阳台按图示尺寸以实体积计算。

2）伸入墙内部分的梁及通过门窗口的过梁应合并按过梁项目另行计算。

3）阳台如伸出墙外超过 1.50m 时，梁、板分别计算，套用相应项目。

4）阳台四周外边沿的弯起，如其高度（指板上表面至弯起顶面）超过 6cm 时，按全高计算，套用栏板项目。

5）凹进墙内的阳台按现浇平板计算。

5.1.5 现浇混凝土构件工程量

1. 现浇钢筋混凝土整体楼梯

（1）计算公式（图 5-19）

$$S_{楼梯} = \Sigma(a \times b) - V_{楼梯井} (\text{m}^2)$$

式中 Σ——各层投影面积之和；

a——楼梯间净宽度（m）；

b——外墙里边线至楼梯梁（TL-2）的外边缘的长度（m）；

$V_{楼梯井}$——空隙宽度在 50cm 的楼梯井的面积。

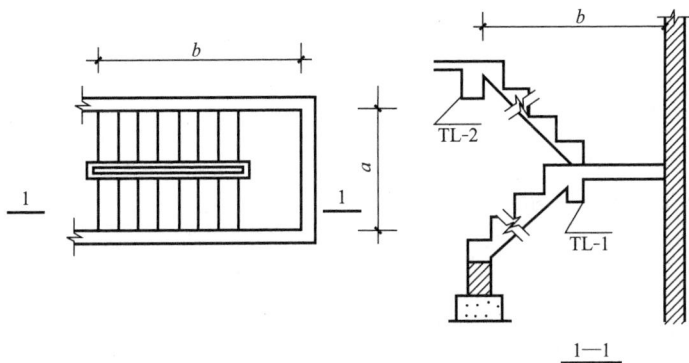

图 5-19　现浇钢筋混凝土整体楼梯

（2）工程量计算规则

1）整体楼梯（包括板式、单梁式或双梁式楼梯）应按楼梯和楼梯平台的水平投影面积计算。

2）楼梯与楼板的划分以楼梯梁的外边缘为界，该楼梯梁已包括在楼梯水平投影面积内。

3）楼梯段间（楼梯井）空隙宽度在 50cm 以外者，应扣除其面积。

2. 现浇钢筋混凝土螺旋楼梯

（1）计算公式

1）柱式螺旋楼梯：

$$S = \pi(R^2 - r^2)(\text{m}^2)$$

式中 r——圆柱半径（m）；

R——螺旋楼梯半径（m）；

S——每一旋转层楼梯的水平投影面积（m²）。

2）整体螺旋楼梯：

$$S = S_{投影} \times N (m^2)$$

式中 $S_{投影}$——楼梯的投影面积（m²）；

N——楼梯的层数。

（2）工程量计算规则

1）整体螺旋楼梯、柱式螺旋楼梯，按每一旋转层的水平投影面积计算，楼梯与走道板分界以楼梯梁外边缘为界，该楼梯梁包括在楼梯水平投影面积内。

2）柱式螺旋楼梯扣除中心混凝土柱所占的面积。中间柱的工程量另按相应柱的项目计算，其人工及机械乘以系数1.5。

3）螺旋楼梯栏板、栏杆、扶手套用相应项目，其人工乘以系数1.3，材料、机械乘以系数1.1。

4）由楼梯的投影面积与楼梯的分层层数得出楼梯的面积。

3. 现浇钢筋混凝土栏板

（1）计算公式

$$V = b \times H \times L (m^3)$$

式中 b——栏板的宽（m）；

H——栏板的高（m）；

L——栏板的长（m）。

（2）工程量计算规则

栏板按实体积计算。

4. 现浇钢筋混凝土遮阳板

（1）计算公式

$$V = B \times H \times L (m^3)$$

式中 B——遮阳板的宽（m）；

H——遮阳板的高（m）；

L——遮阳板的长（m）。

（2）工程量计算规则

1）水平遮阳板按雨篷项目计算。

2）水平遮阳板按图示尺寸以实体积计算。

5. 现浇钢筋混凝土板缝（后浇带）

（1）计算公式

$$V = B \times H \times L (m^3)$$

式中 B——后浇带的宽（m）；

H——后浇带的高（m）；

L——后浇带的长（m）。

（2）工程量计算规则及说明

混凝土后浇带（图 5-20）工程量按图示尺寸以实体积计算。

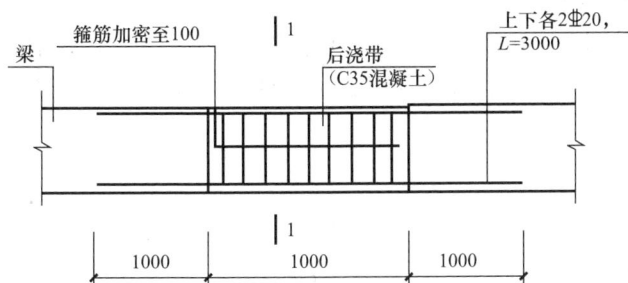

图 5-20 后浇带示意图

6. 台阶

（1）计算公式（图 5-21）

水平投影面积 = 台阶长 × 台阶宽

（2）工程量计算规则

台阶工程量按水平投影面积计算。若台阶与地坪或平台连接时，其分界线以最上层踏步外边缘加 30mm 计算，台阶梯带或花台另行编码例项。

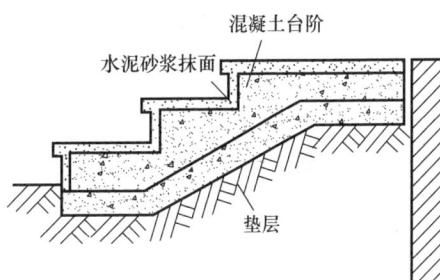

图 5-21 台阶示意图

7. 坡道

（1）计算公式（图 5-22）

水平投影面积 = 坡道长 × 坡道宽

（2）工程量计算规则

坡道工程量按设计图示尺寸以面积计算不扣除单个 $\leqslant 0.3m^2$ 的孔洞所占面积。

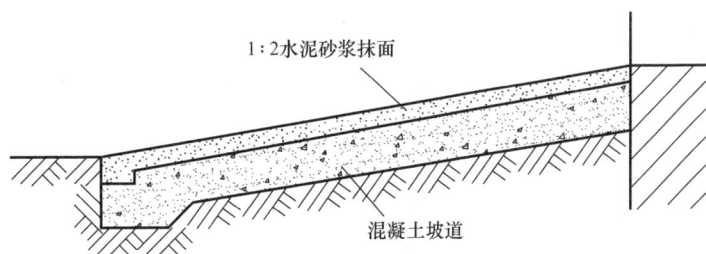

图 5-22 坡道示意图

5.1.6 预制混凝土构件工程量

1. 预制圆孔板

（1）计算公式

$$V = \Sigma(V_1 - V_2) \times N(m^3)$$

式中　V_1——不扣除圆孔的板的体积（m^3）；

　　　　V_2——圆孔的体积（m^3）；

Σ——不同规格的圆孔板的汇总；

N——圆孔板的数量。

（2）工程量计算规则

预制钢筋混凝土圆孔板按图示尺寸以实体积计算，不扣除构件内钢筋、铁件所占体积。

预制构件的制作工程量，应按图纸计算的实体积（即安装工程量）另加相应安装项目中规定的损耗量。

2. 预制过梁

（1）计算公式

$$V = \Sigma V_i \times n(\text{m}^3)$$

式中　V_i——不同规格的预制混凝土过梁体积；

n——不同规格的预制混凝土过梁的数量。

（2）工程量计算规则

预算定额中关于预制过梁的定额项目分别列有预制过梁的制作（包括其钢筋加工和绑扎）、预制过梁的安装。若在预制构件厂制作或购买时，尚需计算预制过梁的蒸汽养护费、从预制厂至工地的运输费。因此一般需要计算预制过梁的制作、蒸汽养护、运输、安装四项费用，也即计算四项工程量。按预制过梁的根数计算出的为安装工程量。安装工程量再增加 1.5％的安装损耗为制作、养护、运输的工程量。钢筋数量也要计算出来。

5.1.7　钢筋工程工程量

1. 工程量计算公式

$$钢筋理论质量 = 钢筋长度 \times 钢筋断面积 \times 钢筋密度$$
$$= 钢筋长度 \times 钢筋单位米质量$$

其中：

$$钢筋单位米质量 = \frac{\pi}{4} \times d^2 \times 7850 \times 10 - 6d^2 (\text{kg/m})$$

式中　d——钢筋直径（mm）。

根据钢筋的直径和以上公式，可计算出钢筋单位米质量，钢筋单位米质量如表 5-1 所示。因此钢筋工程量计算主要是钢筋的长度计算，钢筋长度计算过程亦称为抽筋。

钢筋单位米质量　　　　　　　　　　　　　表 5-1

钢筋直径（mm）	$\phi6$	$\phi6.5$	$\phi8$	$\phi10$	$\phi12$	$\phi14$
钢筋理论质量（kg/m）	0.222	0.260	0.395	0.617	0.888	1.21
钢筋直径（mm）	$\phi16$	$\phi18$	$\phi20$	$\phi22$	$\phi25$	$\phi28$
钢筋理论质量（kg/m）	1.58	2.00	2.47	2.98	3.85	4.83

2. 工程量计算规则

（1）清单工程量计算规则及说明

1）钢筋工程，应区别现浇、预制构件、不同钢种和规格，分别按设计长度乘以单位重量，以吨计算。

2）计算钢筋工程量时，设计已规定钢筋搭接长度的，按规定搭接长度计算；设计未规定搭接长度的，已包括在钢筋的损耗率之内，不另计算搭接长度。钢筋电渣压力焊接、套筒挤压等接头，以个计算。

3）先张法预应力钢筋，按构件外形尺寸计算长度，后张法预应力钢筋按设计图规定的预应力钢筋预留孔道长度，并区别不同的锚具类型，分别按下列规定计算。

① 低合金钢筋两端采用螺杆锚具时，预应力的钢筋按预留孔道的长度减 0.35m，螺杆另行计算。

② 低合金钢筋一端采用镦头插片，另一端为螺杆锚具时，预应力钢筋长度按预留孔道长度计算，螺杆另行计算。

③ 低合金钢筋一端采用镦头插片，另一端采用帮条锚具时，预应力钢筋增加 0.15m，两端均采用帮条锚具时，预应力钢筋共增加 0.3m 计算。

④ 低合金钢筋采用后张混凝土自锚时，预应力钢筋长度增加 0.35m 计算。

⑤ 低合金钢筋或钢绞线采用 JM、XM、QM 型锚具，孔道长度在 20m 以内时，预应力钢筋长度增加 1m；孔道长度 20m 以上时预应力钢筋长度增加 1.8m 计算。

⑥ 碳素钢丝采用锥形锚具，孔道长在 20m 以内时，预应力钢筋长度增加 1m；孔道长在 20m 以上时，预应力钢筋长度增加 1.8m。

⑦ 碳素钢丝两端采用镦粗头时，预应力钢肋长度增加 0.35m 计算。

4）钢筋混凝土构件预埋铁件工程量按设计图示尺寸，以吨计算。

5）固定预埋螺栓、铁件的支架，固定双层钢筋的铁马凳、垫铁件，按审定的施工组织设计规定计算，套相应定额项目。

（2）定额工程量计算规则及说明

1）钢筋工程按钢筋的不同品种、不同规格，按现浇构件钢筋、预制构件钢筋、预应力钢筋及箍筋分别列项。

2）预应力构件中的非预应力钢筋按预制钢筋相应项目计算。

3）设计图纸未注明的钢筋接头和施工损耗的，已综合在定额项目内。

4）绑扎钢丝、成形定位焊和接头焊接用的电焊条已综合在定额项目内。

5）钢筋工程内容包括：制作、绑扎、安装以及浇灌混凝土时维护钢筋用工。

6）现浇构件钢筋以手工绑扎，预制构件钢筋以手工绑扎、定位焊分别列项，实际施工与定额不同时，不再换算。

7）非预应力钢筋不包括冷加工，设计要求冷加工时，另行计算。

8）预应力钢筋如设计要求人工时效处理时，应另行计算。

9）预制构件钢筋，如用不同直径钢筋定位焊在一起时，按直径最小的定额项目计算，如粗细钢筋直径比在两倍以上时，其人工乘以系数 1.25。

10）后张法钢筋的锚固是按钢筋棒条焊、U 形插垫编制的，采用其他方法锚固时，应另行计算。

11）固定预埋螺栓、铁件的支架，固定双层钢筋的铁马凳、垫铁件，按审定的施工组织设计规定计算，套相应定额项目。

3. 钢筋长度的计算

（1）直筋（图 5-23 和表 5-2）长度的计算公式如下：

$$钢筋净长 = L - 2b + 12.5D$$

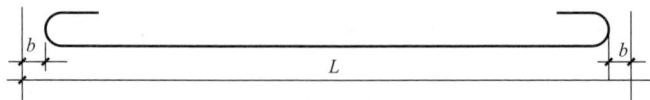

图 5-23　直筋

钢筋弯头、搭接长度计算表　　　　　表 5-2

钢筋直径 D（mm）	保护层 b（cm）			钢筋直径 D（mm）	保护层 b（cm）		
	1.5	2.0	2.5		1.5	2.0	2.5
	按 L 增加长度（cm）				按 L 增加长度（cm）		
4	2.0	1.0	—	22	24.5	23.5	22.5
6	4.5	3.5	2.5	24	27.0	26.0	25.0
8	7.0	6.0	5.0	25	28.3	27.3	26.3
9	8.3	7.3	6.3	26	29.5	28.5	27.5
10	9.5	8.5	7.5	28	32.0	31.0	30.0
12	12.0	11.0	10.0	30	34.5	33.5	32.5
14	14.5	13.5	12.5	32	37.0	36.0	35.0
16	17.0	16.0	15.0	35	40.8	39.8	38.8
18	19.5	18.5	17.5	38	44.5	43.5	42.5
19	20.8	19.8	18.8	40	47.0	46.0	45.0
20	22.0	21.0	20.0				

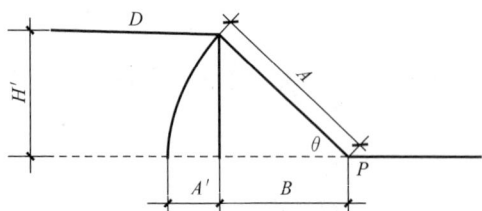

图 5-24　弯筋

（2）弯筋斜长度

如图 5-24 所示，D 为钢筋的直径，H' 为弯筋需要弯起的高度，A 为局部钢筋的斜长度，B 为 A 向水平面的垂直投影长度。

假使以起弯点 P 为圆心，以 A 长为半径作圆弧向 B 的延长线投影，则 $A = B + A'$，A' 就是 A 与 B 的长度差。

θ 为弯筋在垂直平面中要求弯起的水平面所形成的角度（夹角）；在工程上一般以 30°、45°和 60°为最普遍，45°尤为常见。

弯筋斜长度的计算可按表 5-3 确定。

弯起钢筋斜长及增加长度计算表　　　　　表 5-3

形状			
计算方法 斜边长 s	$2h$	$1.414h$	$1.155h$
增加长度 $s - l = \Delta l$	$0.268h$	$0.414h$	$0.577h$

（3）弯钩增加长度

根据规范要求，绑扎骨架中的受力钢筋，应在末端做弯钩。HPB300 级钢筋末端做 180°弯钩其圆弧弯曲直径不应小于钢筋直径的 2.5 倍，平直部分长度不宜小于钢筋直径的

3倍；HRB335、HRB400 级钢筋末端需作 90°或 135°弯折时，HRB335 级钢筋的弯曲直径不宜小于钢筋直径的 4 倍；HRB400 级钢筋不宜小于钢筋直径的 5 倍。

钢筋弯钩增加长度按下列简图所示计算（弯曲直径为 2.5d，平直部分为 3d），其计算值为：

$$半圆弯钩 = (2.5d + 1d) \times \pi \times \frac{180}{360} - 2.5d/2 - 1d + (平直)3d = 6.25d[图 5\text{-}25(a)];$$

$$直弯钩 = (2.5d + 1d) \times \pi \times \frac{180 - 90}{360} - 2.5d/2 - 1d + (平直)3d = 3.5d[图 5\text{-}25(b)];$$

$$斜弯钩 = (2.5d + 1d) \times \pi \times \frac{180 - 45}{360} - 2.5d/2 - 1d + (平直)3d = 4.9d[图 5\text{-}25(c)]。$$

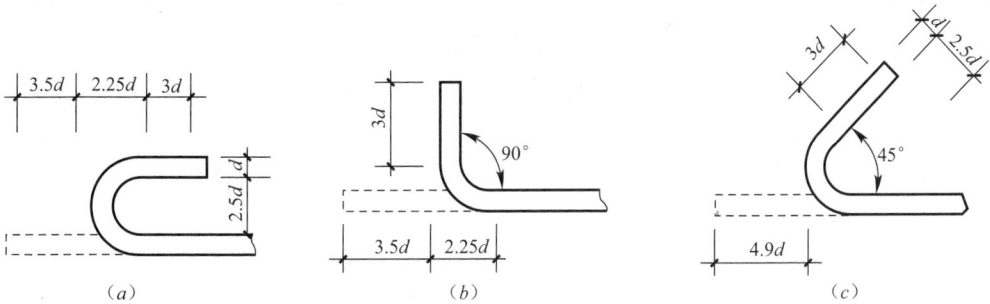

图 5-25 弯钩

(a) 半圆弯钩；(b) 直弯钩；(c) 斜弯钩

如果弯曲直径为 4d，其计算值则为：

$$直弯钩 = (4d + 1d) \times \pi \times \frac{180 - 90}{360} - 4d/2 - 1d + 3d = 3.9d$$

$$斜弯钩 = (4d + 1d) \times \pi \times \frac{180 - 45}{360} - 4d/2 - 1d + 3d = 5.9d$$

如果弯曲直径为 5d，其计算值则为：

$$直弯钩 = (5d + 1d) \times \pi \times \frac{180 - 90}{360} - 5d/2 - 1d + 3d = 4.2d$$

$$斜弯钩 = (5d + 1d) \times \pi \times \frac{180 - 45}{360} - 5d/2 - 1d + 3d = 6.6d$$

注：钢筋的下料长度是钢筋的中心线长度。

（4）箍筋长度

1）计算方法：

包围箍 [图 5-26(a)] 的长度＝2 (A＋B)＋弯钩增加长度；

开口箍 [图 5-26(b)] 的长度＝2A＋B＋弯钩增加长度。

箍筋长度调整表见表 5-4。

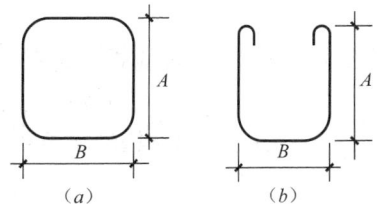

图 5-26 箍筋

(a) 包围箍；(b) 开口箍

形　状	直径 d						备　注
	4	6	6.5	8	10	12	
	Δl						
抗震结构	-88	-33	-20	22	78	133	$\Delta l = 200 - 27.8d$
一般结构	-129	-93.5	-84.6	-58	-22.5	13	$\Delta l = 200 - 17.75d$
	-140	-110	-103	-80	-50	-20	$\Delta l = 200 - 15d$

2）用于圆柱的螺旋箍（图 5-27）的长度计算公式为：

$$L = N \sqrt{P^2 + (D - 2a - d)^2 \pi^2} + 弯钩增加长度$$

式中　N——螺旋箍圈数；

　　　D——圆柱直径（m）；

　　　P——螺距。

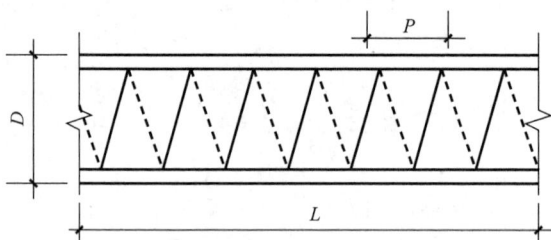

图 5-27　螺旋箍

5.2　混凝土及钢筋混凝土工程工程量手算参考公式

5.2.1　模板用量估算

1. 模板工程量

为了正确估算模板工程量，必须先计算每立方米混凝土结构的展开面积 A（m²），然后除以各种构件的工程量（m³），即可求得模板工程量 U，其综合表达式如下：

$$U = A/V$$

式中　A——模板的展开面积（m²）；

　　　V——混凝土的体积（m³）。

2. 各主要类型构件模板用量

（1）柱

1）边长为 a 的正方形截面柱：

$$U = \frac{4}{a}$$

2）直径为 d 的圆形截面柱：

$$U = \frac{4}{d}$$

3）边长为 $a \times b$ 的矩形截面柱：

$$U = \frac{2(a+b)}{ab}$$

（2）矩形梁

钢筋混凝土矩形梁，每立方米混凝土的计算式为：

$$U = \frac{2h+b}{bh}$$

式中　b——梁宽（mm）；

　　　h——梁高（mm）。

（3）楼板

楼板的模板用量计算式为：

$$U = \frac{1}{t}$$

式中　t——楼板厚度（mm）。

（4）墙

混凝土或钢筋混凝土墙的模板用量计算式为：

$$U = \frac{2}{t}$$

式中　t——墙厚（mm）。

正方形柱或圆形柱每立方米混凝土模板工程量见表5-5。

正方形柱或圆形柱每立方米混凝土模板工程量 表 5-5

柱横截面尺寸 a（m）	模板工程量 $U = \frac{4}{a}$（m²）	柱横截面尺寸 a（m）	模板工程量 $U = \frac{4}{a}$（m²）
0.3	13.33	0.9	4.44
0.4	10.00	1.0	4.00
0.5	8.00	1.1	3.64
0.6	6.67	1.3	3.08
0.7	5.71	1.5	2.67
0.8	5.00	2.0	2.00

注：a 为正方形柱的边长，或圆形柱的直径（m）。

矩形柱每立方米混凝土模板工程量见表5-6。

矩形柱每立方米混凝土模板工程量 表 5-6

柱横截面尺寸 $a \times b$（m）	模板工程量 $U = \frac{2(a+b)}{ab}$（m²）	柱横截面尺寸 $a \times b$（m）	模板工程量 $U = \frac{2(a+b)}{ab}$（m²）
0.4×0.3	11.67	0.8×0.6	5.83
0.5×0.3	10.67	0.9×0.45	6.67
0.6×0.3	10.00	0.9×0.60	6.56
0.7×0.35	8.57	1.0×0.50	6.00
0.8×0.40	7.50	1.0×0.70	4.86

矩形梁每立方米混凝土模板工程量见表5-7。

矩形梁每立方米混凝土模板工程量 表 5-7

梁截面尺寸 $h \times b$（m）	模板工程量 $U=\dfrac{2h+b}{hb}$（m²）	梁截面尺寸 $h \times b$（m）	模板工程量 $U=\dfrac{2h+b}{hb}$（m²）
0.30×0.20	13.33	0.80×0.40	6.25
0.40×0.20	12.50	1.00×0.50	5.00
0.50×0.25	10.00	1.20×0.60	4.17
0.60×0.30	8.33	1.40×0.70	3.57

楼板每立方米混凝土模板工程量见表 5-8。

楼板每立方米混凝土模板工程量 表 5-8

板厚（m）	模板工程量 $U=\dfrac{1}{t}$（m²）	板厚（m）	模板工程量 $U=\dfrac{1}{t}$（m²）
0.06	16.67	0.14	7.14
0.08	12.50	0.17	5.88
0.10	10.00	0.19	5.26
0.12	8.33	0.22	4.55

墙体每立方米混凝土模板工程量见表 5-9。

墙体每立方米混凝土模板工程量 表 5-9

板厚（m）	模板工程量 $U=\dfrac{2}{t}$（m²）	板厚（m）	模板工程量 $U=\dfrac{2}{t}$（m²）
0.06	33.33	0.18	11.11
0.08	25.00	0.20	10.00
0.10	20.00	0.25	8.00
0.12	16.67	0.30	6.67
0.14	14.29	0.35	5.71
0.16	12.50	0.40	5.00

现浇构件模板一次用量表见表 5-10。

现浇构件模板一次用量表 表 5-10

项目		模板种类	支撑种类	混凝土体积	一次使用量							周转次数	周转补损率
					组合式钢模板	复合木模板		模板木材	钢支撑系统	零星卡具	木支撑系统		
						钢框肋	面板						
				m³	kg	kg	m²	m³	kg	kg	m³	次	%
带形基础	毛石混凝土	钢模	钢	32.55	3137.52	—	—	0.689	2260.60	445.08	1.874	50	—
			木	32.55	3137.52	—	—	0.689	—	445.08	5.372	50	—
		复模	钢	32.55	45.50	1393.47	98.00	0.689	2268.60	445.08	1.874	50	—
			木	32.55	45.50	1393.47	98.00	0.689	—	445.08	5.378	50	—
	无筋混凝土	钢模	钢	27.28	3146.00	—	—	0.690	2250.00	582.00	1.858	50	—
			木	27.28	3146.00	—	—	0.690	—	432.06	5.318	50	—
		复模	钢	27.28	45.00	1397.07	98.00	0.690	2250.00	582.00	1.858	50	—
			木	27.28	45.00	1397.07	98.00	0.690	—	432.06	5.318	50	—
	钢筋	有梁式 钢模	钢	45.51	3655.00	—	—	0.065	5766.00	725.20	3.061	50	—
			木	45.51	3655.00	—	—	0.065	—	443.40	7.640	50	—
		有梁式 复模	钢	45.51	49.50	1674.00	97.50	0.065	5766.00	725.20	3.061	50	—
			木	45.51	49.50	1674.00	97.50	0.065	—	443.40	7.640	50	—
		板式 钢模	木	168.27	3500.00	—	—	1.300	—	224.00	1.862	50	—
		板式 复模		168.27	—	2724.50	98.50	1.300	—	224.00	1.862	50	—

项目		模板种类	支撑种类	混凝土体积	一次使用量							周转次数	周转补损率
					组合式钢模板	复合木模板		模板木材	钢支撑系统	零星卡具	木支撑系统		
						钢框肋	面板						
				m³	kg	kg	m²	m³	kg	kg	m³	次	%
独立基础	毛石混凝土	钢模	木	49.14	3308.50	—	—	0.445	—	473.80	5.016	50	
		复模		49.14	102.00	1451.00	99.50	0.445	—	473.80	5.016	50	
	无筋钢筋混凝土	钢模	木	47.45	3446.00	—	—	0.450	—	507.60	5.370	50	
		复模		47.45	102.00	1511.00	99.50	0.450	—	507.60	5.370	50	
杯形基础		钢模	钢	54.47	3129.00	—	—	0.885	3538.40	657.00	0.292	50	
			木	54.47	3129.00	—	—	0.885	—	361.80	6.486	50	
		复模	钢	54.47	98.50	1410.50	77.00	0.885	3530.40	657.00	0.292	50	
			木	54.47	98.50	1410.50	77.00	0.885	—	361.80	6.486	50	
高杯基础		钢模	钢	22.20	3435.00	—	—	0.480	3972.00	666.60	3.866	50	
			木	22.20	3435.00	—	—	0.480	—	430.20	6.834	50	
		复模	钢	22.20	—	1572.50	94.50	0.480	3972.00	666.60	3.866	50	
			木	22.00	—	1572.50	94.50	0.480	—	430.20	6.834	50	
筏形基础	无梁式	钢模	木	217.37	3180.50	—	—	0.730	—	195.60	1.453	50	
		复模		217.37	—	1463.00	88.00	0.730	—	195.60	1.453	50	
	有梁式	钢模	钢	77.23	3383.00	—	—	0.085	2108.28	627.00	0.385	50	
			木	77.23	3282.00	—	—	0.130	—	521.00	3.834	50	
		复模	钢	77.23	119.00	1454.50	95.50	0.085	2108.28	627.00	0.385	50	
			木	77.23	119.00	1454.50	95.50	0.130	—	521.00	3.834	50	
独立桩承台		钢模	钢	50.15	4598.60	—	—	0.295	1789.60①	506.20	1.194	50	
			木	50.15	4598.60	—	—	0.295	—	506.20	2.364	50	
		复模	钢	50.15	—	2068.00	123.50	0.295	1789.60①	506.20	1.194	50	
			木	50.15	—	2068.00	123.50	0.295	—	506.20	2.364	50	
混凝土基础垫层		木模	木	72.29	—	—	—	5.853	—	—	—	5	15
人工挖土方护井壁				13.07				3.205			0.367	4	15
设备基础	5m³ 以内	钢模	钢	31.16	3392.50	—	—	0.570	3324.00	842.00	1.035	50	
			木	31.16	3392.50	—	—	0.570	—	692.00	4.975	50	
		复模	钢	31.16	88.00	1536.00	93.50	0.570	3324.00	842.00	1.035	50	
			木	31.16	88.00	1536.00	93.50	0.570	—	692.80	4.975	50	
	20m³ 以内	钢模	钢	60.88	3368.00	—	—	0.425	3667.20	639.80	2.050	50	
			木	60.88	3368.00	—	—	0.425	—	540.60	3.290	50	
		复模	钢	60.88	75.00	1471.50	93.50	0.425	3667.20	639.80	2.050	50	
			木	60.88	75.00	1471.50	93.50	0.425	—	540.60	3.290	50	
	100m³ 以内	钢模	钢	76.16	3276.00	—	—	0.400	4202.40	786.00	0.195	50	
			木	76.16	3276.00	—	—	0.400	—	616.20	5.235	50	
		复模	钢	76.16	73.00	1275.50	93.50	0.400	4202.40	786.00	0.195	50	
			木	76.16	73.00	1275.50	93.50	0.400	—	616.20	5.235	50	
	100m³ 以外	钢模	钢	224	3290.50	—	—	0.250	2811.60	784.20	0.295	50	
			木	224	3290.50	—	—	0.250	—	640.40	5.335	50	
		复模	钢	224	12.50	1464.00	95.50	0.250	2811.60	784.20	0.295	50	
			木	224	12.50	1464.00	95.50	0.250	—	640.40	5.335	50	

项目		模板种类	支撑种类	混凝土体积	一次使用量							周转次数	周转补损率
					组合式钢模板	复合木模板		模板木材	钢支撑系统	零星卡具	木支撑系统		
						钢框肋	面板						
				m³	kg	kg	m²	m³	kg	kg	m³	次	%
设备螺栓套	0.5m以内	木模 (10个)	木	6.95	—	—	—	0.045	—	—	0.017	1	—
	1m以内			8.20	—	—	—	0.142	—	—	0.021	1	—
	1m以外			11.45	—	—	—	0.235	—	—	0.065	1	—
矩形柱		钢模	钢	9.50	3866.00	—	—	0.305	5458.80	1308.60	1.73	50	—
			木	9.50	3866.00	—	—	0.305	—	1106.20	5.050	50	—
		复模	钢	9.50	512.00	1515.00	87.50	0.305	5458.80	1308.60	1.73	50	—
			木	9.50	512.00	1515.00	87.50	0.305	—	1186.20	5.050	50	—
异形柱		钢模	钢	10.73	3819.00	—	—	0.395	7072.80	547.80	—	50	—
			木	10.73	3819.00	—	—	0.395	—	547.80	5.565	50	—
		复模	钢	10.73	150.50	1644.00	99.50	0.395	7072.80	547.00	—	50	—
			木	10.73	150.50	1644.00	99.50	0.395	—	547.00	5.565	50	—
圆形柱		木模	木	12.76	—	—	—	5.296	—	—	5.131	3	15
支撑高度超过3.6m,每超过1m			钢						400.80		0.200		
			木								0.520		
基础梁		钢模	钢	12.66	3795.50	—	—	0.205	849.00②	624.00	2.768	50	—
			木	12.66	3795.50	—	—	0.205	—	624.00	5.503	50	—
		复模	钢	12.66	264.00	1558.00	97.50	0.205	849.00②	624.00	2.768	50	—
			木	12.66	264.00	1558.00	97.50	0.205	—	624.00	5.503	50	—
单梁、连续梁		钢模	钢	10.41	3828.50	—	—	0.080	9535.70③	806.00	0.290	50	—
			木	10.41	3828.50	—	—	0.080	—	716.60	4.562	50	—
		复模	钢	10.41	358.00	1541.50	98.00	0.080	9535.70③	806.00	0.290	50	—
			木	10.41	358.00	1541.50	98.00	0.080	—	716.60	4.562	50	—
异形梁		木模	木	11.40	—	—	—	3.689	—	—	7.603	5	15
过梁		钢模	木	10.33	3653.50	—	—	0.920	—	235.60	6.062	50	—
		复模		10.33	—	1693.00	99.90	0.920	—	235.60	6.062	50	—
拱梁		木模	木	13.12	—	—	—	6.500	—	—	5.769	3	15
弧形梁		木模	木	11.45	—	—	—	9.685	—	—	22.178	3	15
圈梁		钢模	木	15.20	3787.00	—	—	0.065	—	—	1.040	50	—
		复模		15.20	—	1722.50	105.00	0.065	—	—	1.040	50	—
弧形圈梁		木模	木	15.87	—	—	—	6.538	—	—	1.246	3	15
支撑高度超过3.6m,每超过1m			钢	—					1424.40		—	—	
			木	—							1.660	—	
直形墙		钢模	钢	13.44	3556.00	—	—	0.140	2920.80	863.40	0.155	50	—
			木	13.44	3556.00	—	—	0.140	—	712.00	5.180	50	—
		复模	钢	13.44	249.50	1498.00	96.50	0.140	2920.80	863.40	0.155	50	—
			木	13.44	249.50	1498.00	96.50	0.140	—	712.00	5.810	50	—
电梯井壁		钢模	钢	7.69	3255.50	—	—	0.705	2356.80	764.60	—	50	—
			木	7.69	3255.50	—	—	0.705	—	599.40	2.835	50	—
		复模	钢	7.69	—	1495.00	89.50	0.705	2356.80	764.60	—	50	—
			木	7.69	—	1495.00	89.50	0.705	—	599.40	2.835	50	—

项目	模板种类	支撑种类	混凝土体积	一次使用量							周转次数	周转补损率
				组合式钢模板	复合木模板		模板木材	钢支撑系统	零星卡具	木支撑系统		
					钢框肋	面板						
			m³	kg	kg	m²	m³	kg	kg	m³	次	%
弧形墙	木模	木	14.20	—	—	—	5.357	—	806.00	2.748	5	25
大钢模板墙	大钢模板	钢	14.16	11481.11	—	—	0.113	308.40	90.69	0.104	200	—
		木	14.16	11481.11	—	—	0.113	—	90.69	1.220	200	—
支撑高度超过3.6m，每超过1m		钢	—	—	—	—	—	220.80	—	0.005		
		木								0.445		
有梁板	钢模	钢	14.49	3567.00	—	—	0.283	7163.90④	691.20	1.392	50	
		木	14.49	3567.00	—	—	0.283	—	691.20	8.051	50	
	复模	钢	14.49	729.50	1297.50	81.50	0.283	7163.90④	691.20	1.392	50	
		木	14.49	729.50	1297.50	81.50	0.283	—	691.20	8.051	50	
无梁板	钢模	钢	20.60	2807.50	—	—	0.822	4128.00	511.60	2.135	50	
		木	20.60	2807.50	—	—	0.822	—	511.60	6.970	50	
	复模	钢	20.60	—	1386.50	80.50	0.822	4128.00	511.60	2.135	50	
		木	20.60	—	1386.50	80.50	0.822	—	511.60	6.970	50	
平板	钢模	钢	13.44	3380.00	—	—	0.217	5704.80	542.40	1.448	50	
		木	13.44	3380.00	—	—	0.217	—	542.40	8.996	50	
	复模	钢	13.44	—	1482.50	96.50	0.217	5704.80	542.40	1.448	50	
		木	13.44	—	1482.50	96.50	0.217	—	542.40	8.996	50	
拱板	木模	木	12.44	—	—	—	4.591	—	49.52	5.998	3	15
支撑高度超过3.6m，每超过1m		钢	—	—	—	—	—	1225.20	—	—		
		木								2.000		
直形楼梯	木模	木	1.68				0.660			1.174	4	15
圆弧形楼梯	木模	木	1.88				0.701			1.034	4	25
悬挑板	木模	木	1.05				0.516			1.411	5	10
圆弧悬挑板	木模	木	1.07				0.400			1.223	5	25
栏板	木模	木	2.95				4.736			12.718	5	15
门框	木模	木	7.07				4.000			5.781	5	10
框架柱接头	木模	木	7.50				6.014			—	3	15
升板柱帽	木模	木	19.74				3.762			16.527	5	15
台阶	木模	木	1.64				0.212			0.069		
散热器电缆沟	木模	木	9.00				4.828		29.60	1.481	3	15
天沟挑檐	木模	木	6.99				2.743			2.328	3	15
小型构件	木模	木	3.28				5.670			3.254	3	15
扶手	木模	木	1.34				1.062			1.964	3	15
池槽	木模	木	0.35				0.433			0.186	3	15

注：1. 复合木模板所列出的"钢框肋"，定额项目内未示出，供参考用。

  2. 表中所示周转次数、周转补损率系指模板，支撑材的周转次数详见编制说明。

  3. 大钢模板墙项目中组合式钢模板栏中数量，为大钢模板数量。

  4. 直行楼梯至圆弧悬挑板项单位：每10m² 投影面积。

  ① 栏内数量包括钢管支撑用量6896.40kg，梁卡具用量267.50kg。

  ② 栏内数量包括梁卡具用量1072.00kg，钢管支撑用量717.60kg。

  ③ 梁内数量为梁卡具用量。

  ④ 栏内数量包括梁卡具用量1296.50kg，钢管支撑用量8239.20kg。

5.2.2 锥形独立基础工程量计算

一般情况下，锥形独立基础（图 5-28）的下部为矩形，上部为截头锥体，可分别计算相加后得其体积，即：

$$V = ABh_1 + \frac{h - h_1}{b}\big[AB + ab + (A + a)(B + b)\big]$$

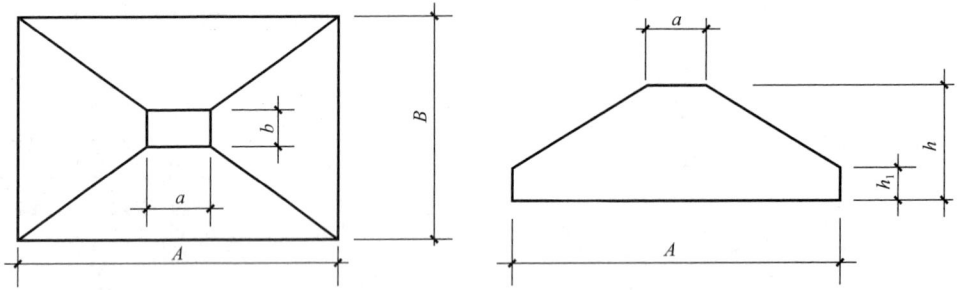

图 5-28 锥形独立基础

5.2.3 杯形基础工程量计算

杯形基础的体积可参照表 5-11 计算。

杯形基础的体积表 表 5-11

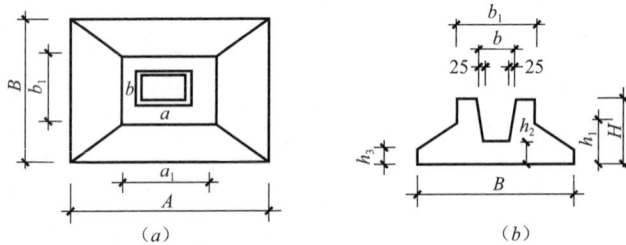

$$V = ABh_3 + \frac{h_1 - h_3}{6}\big[AB + (A + a_1)(B + b_1) + a_1b_1\big] + a_1b_1(H - h_1) - (H - h_2)(a - 0.025)(b - 0.025)$$

柱断面 (mm)	杯形柱基规格尺寸（mm）										基础混凝土用量（m³/个）
	A	B	a	a_1	b	b_1	H	h_1	h_2	h_3	
	1300	1300	550	1000	550	1000	600	300	200	200	0.66
	1400	1400	550	1000	550	1000	600	300	200	200	0.73
	1500	1500	550	1000	550	1000	600	300	200	200	0.80
	1600	1600	550	1000	550	1000	600	300	250	200	0.87
	1700	1700	550	1000	550	1000	700	300	250	200	1.04
400×400	1800	1800	550	1000	550	1000	700	300	250	200	1.13
	1900	1900	550	1000	550	1000	700	300	250	200	1.22
	2000	2000	550	1100	550	1100	800	400	250	200	1.63
	2100	2100	550	1100	550	1100	800	400	250	200	1.74
	2200	2200	550	1100	550	1100	800	400	250	200	1.86
	2300	2300	550	1200	550	1200	800	400	250	200	2.12

柱断面 （mm）	杯形柱基规格尺寸（mm）										基础混凝土 用量（m³/个）
	A	B	a	a_1	b	b_1	H	h_1	h_2	h_3	
	2300	1900	750	1400	550	1200	800	400	250	200	1.92
	2300	2100	750	1450	550	1250	800	400	250	200	2.13
	2400	2200	750	1450	550	1250	800	400	250	200	2.26
400×600	2500	2300	750	1450	550	1250	800	400	250	200	2.40
	2600	2400	750	1550	550	1350	800	400	250	200	2.68
	3000	2700	750	1550	550	1350	1000	500	300	200	2.83
	3300	3900	750	1550	550	1350	1000	600	300	200	4.63
	2500	2300	850	1550	550	1350	900	500	250	200	2.76
	2700	2500	850	1550	550	1350	900	500	250	200	3.16
400×700	3000	2700	850	1550	550	1350	1000	500	300	200	3.89
	3300	2900	850	1550	550	1350	1000	600	300	200	4.60
	4000	2800	850	1750	550	1350	1000	700	300	200	6.02
	3000	2700	950	1700	550	1350	1000	500	300	200	3.90
400×800	3300	2900	950	1750	550	1350	1000	600	300	200	4.65
	4000	2800	950	1750	550	1350	1000	700	300	250	5.98
	4500	3000	950	1850	550	1350	1000	800	300	250	7.93
	3000	2700	950	1700	650	1450	1000	500	300	200	3.96
500×800	3300	2900	950	1750	650	1450	1000	600	300	200	4.70
	4000	2800	950	1750	650	1450	1000	700	300	250	6.02
	4500	3000	950	1850	650	1450	1200	800	300	250	7.99
500×1000	4000	2800	1150	1950	650	1450	1200	800	300	250	6.90
	4500	3000	1150	1950	650	1450	1200	800	300	250	8.00

5.2.4 现浇无筋倒圆台基础工程量计算

倒圆台基础体积计算公式（图 5-29）为：

$$V = \frac{\pi h_1}{3}(R^2 + r^2 + Rr) + \pi R^2 h_2 + \frac{\pi h_3}{3}\Big[R^2 + \Big(\frac{a_1}{2}\Big)^2 + R\frac{a_1}{2}\Big] + a_1 b_1 h_4$$

$$- \frac{h_5}{3}\Big[(a + 0.1 + 0.025 \times 2)(b + 0.1 + 0.025 \times 2) + ab$$

$$+ \sqrt{(a + 0.1 + 0.025 \times 2)(b + 0.1 + 0.025 \times 2)ab}\Big]$$

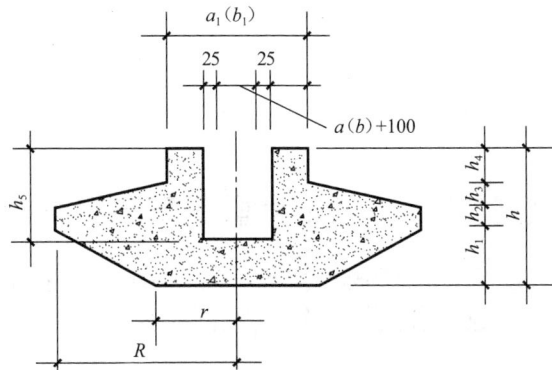

图 5-29　倒圆台基础

式中　a——柱长边尺寸（m）；

$\quad a_1$——杯口外包长边尺寸（m）；

$\quad R$——底最大半径（m）；

$\quad r$——底面半径（m）；

$\quad b$——柱短边尺寸（m）；

$\quad b_1$——杯口外包短边尺寸（m）；

h、$h_{1\sim5}$——断面高度（m）；

$\quad \pi$——3.1416。

5.2.5　现浇钢筋混凝土倒圆锥形薄壳基础工程量计算

现浇钢筋混凝土倒圆锥形薄壳基础体积计算公式，如图 5-30 所示。

$$V(\mathrm{m}^3) = V_1 + V_2 + V_3$$

$$V_1(薄壳部分) = \pi(R_1 + R_2)\delta h_1 \cos\theta$$

$$V_2(截头圆锥体部分) = \frac{\pi h_2}{3}(R_3^2 + R_2 R_4 + R_4^2)$$

$$V_3(圆体部分) = \pi R_2^2 h_2$$

（公式中半径、高度、厚度均用 m 为计算单位。）

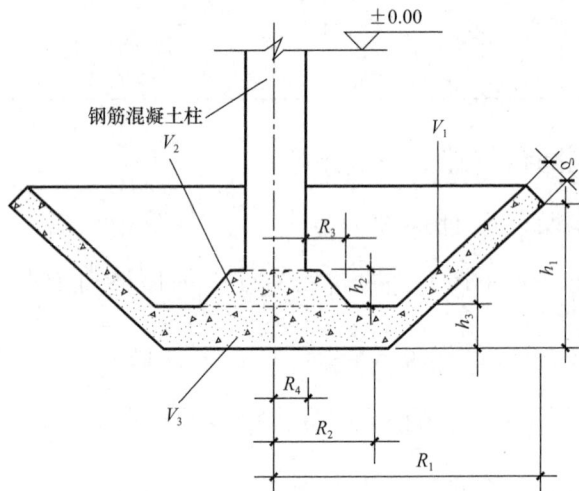

图 5-30　现浇钢筋混凝土倒圆锥形薄壳基础

5.3　混凝土及钢筋混凝土工程工程量手算实例解析

【例 5-1】　某现浇钢筋混凝土独立基础如图 5-31 所示，试计算独立基础工程量。

【解】　现浇钢筋混凝土独立基础工程量，应按图示尺寸计算其实体积。

$V = (2.1 \times 2.1 \times 0.47 + 1.3 \times 1.3 \times 0.18 + 0.5 \times 0.5 \times 0.25) = 2.44\mathrm{m}^3$

【例 5-2】　根据图 5-32，计算现浇钢筋混凝土杯形基础工程量。

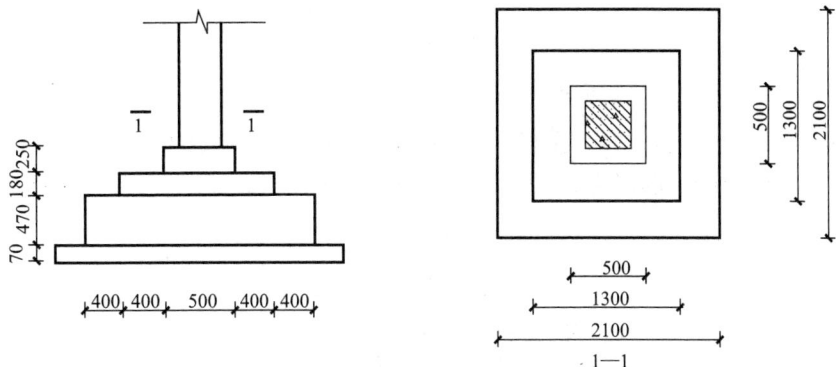

图 5-31 独立基础示意图

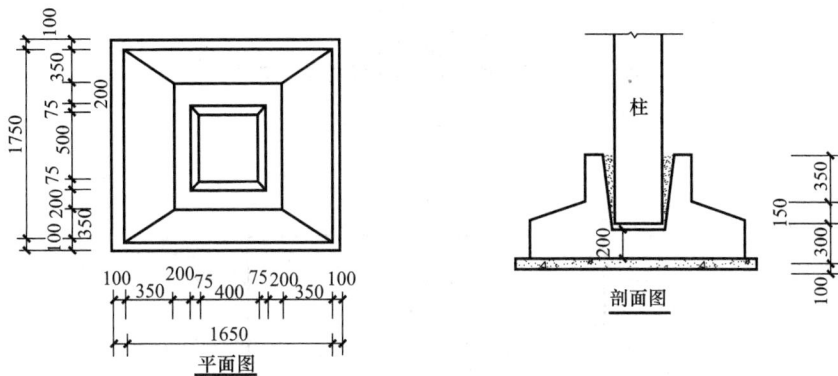

图 5-32 杯形基础

【解】

$$V = 下部立方体 + 中部棱台体 + 上部立方体 - 杯口空心棱台体 = 1.65 \times 1.75 \times 0.3 + \frac{1}{3}$$

$$\times 0.15 \times [1.65 \times 1.75 + 0.95 \times 1.05 + \sqrt{(1.65 \times 1.75) \times (0.95 \times 1.05)}]$$

$$+ 0.95 \times 1.05 \times 0.35 - \frac{1}{3} \times (0.8 - 0.2) \times [0.4 \times 0.5 + 0.55$$

$$\times 0.65 + \sqrt{(0.4 \times 0.5) \times (0.55 \times 0.65)}] = 1.33 \text{m}^3$$

【例 5-3】 如图 5-33 所示为某办公厅平面示意图,计算圈梁工程量。

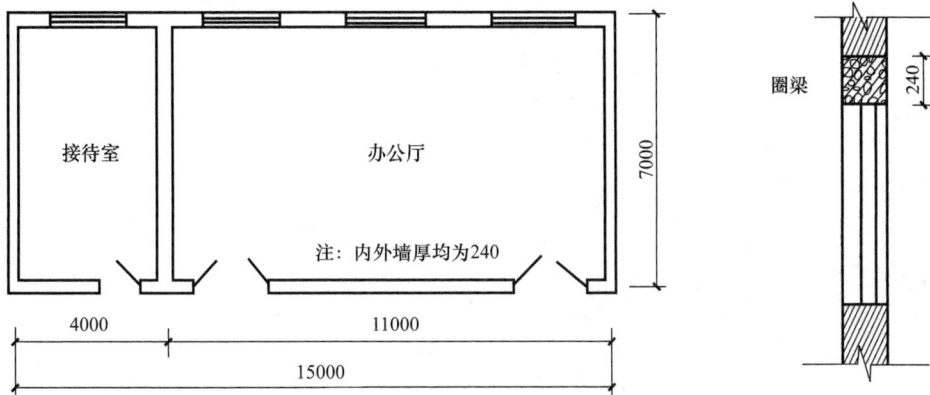

图 5-33 某办公厅平面示意图

【解】

圈梁工程量：

$$0.24 \times 0.24 \times [(15+7) \times 2 + 7] = 2.94 \text{m}^2$$

【例 5-4】 现浇钢筋混凝土的后浇带如图 5-34 所示，板的长度为 6.5m，宽度为 3.2m，厚度为 100mm，混凝土采用 C20，钢筋为 HPB300，试计算现浇板的后浇带的工程量。

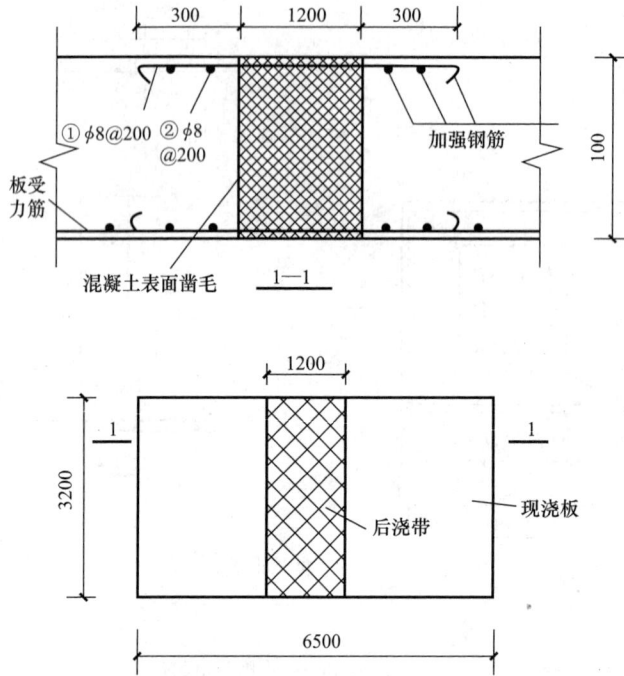

图 5-34　现浇板后浇带示意图

【解】

(1) 后浇带的混凝土工程量：

$$V = 1.2 \times 3.2 \times 0.1 = 0.38 \text{m}^3$$

(2) 后浇带的钢筋工程量：

1) ①号加强钢筋：

$$1200 + 300 \times 2 + 4.9 \times 8 \times 2 = 1878.4 \text{mm}$$

根数：

$$\left(\frac{3200}{200} - 1\right) \times 2 = 30 \text{ 根}$$

2) ②号加强钢筋：

$$3200 - 2 \times 15 + 4.9 \times 8 \times 2 = 3248.4 \text{mm}$$

根数：$\left(\dfrac{1200 + 300 \times 2}{200} - 1\right) \times 2 = 16$ 根

3) 钢筋总工程量：

$$(1.8784 \times 30 + 3.2484 \times 16) \times 0.395 = 42.79 \text{kg} = 0.042 \text{t}$$

【例 5-5】 某楼盖是板与圈梁现浇而成，其具体尺寸如图 5-35 所示，计算出楼板与圈

94

梁的工程量。

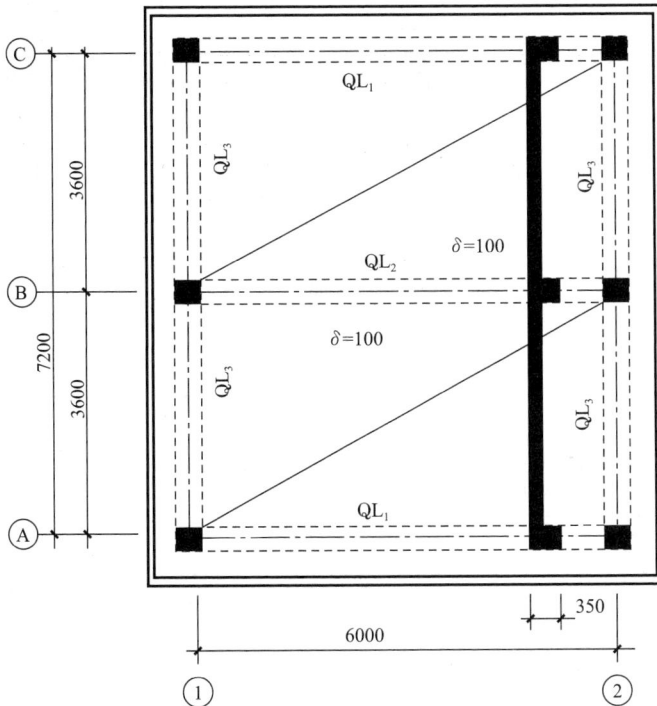

图 5-35　屋面结构图（1：100）

【解】

（1）楼盖

板体积 ＝ 板面积×板厚 ＝ 长×宽×板厚 ＝ $(7.2-0.24)×(6.0-0.24)×0.1 = 4.01m^3$

（2）圈梁

1）外圈梁：

外圈梁体积 ＝梁断面积×长 ＝ 高×宽×长

$$=0.35×0.24×[(7.2-0.24×2)+(6.0-0.24)]×2 = 2.10m^3$$

2）内圈梁：

$$内圈梁体积 ＝梁断面积×长 ＝ 高×宽×长$$

$$=0.25×0.24×(6.0-0.24) = 0.35m^3$$

【例 5-6】　某工程钢筋混凝土框架（KJ_1）2 根，尺寸如图 5-36 所示，混凝土强度等级柱为 C40，梁为 C30，混凝土采用泵送商品混凝土，由施工企业自行采购，根据招标文件要求，现浇混凝土构件实体项目包含模板工程。试计算该钢筋混凝土框架（KJ_1）柱、梁的工程量。

【解】

（1）矩形柱：

$$V = (0.4×0.4×4×3+0.4×0.25×0.8×2)×2 = 4.16m^3$$

（2）矩形梁：

$$V_1 = (4.6×0.25×0.5+6.6×0.25×0.50)×2 = 2.8m^3$$

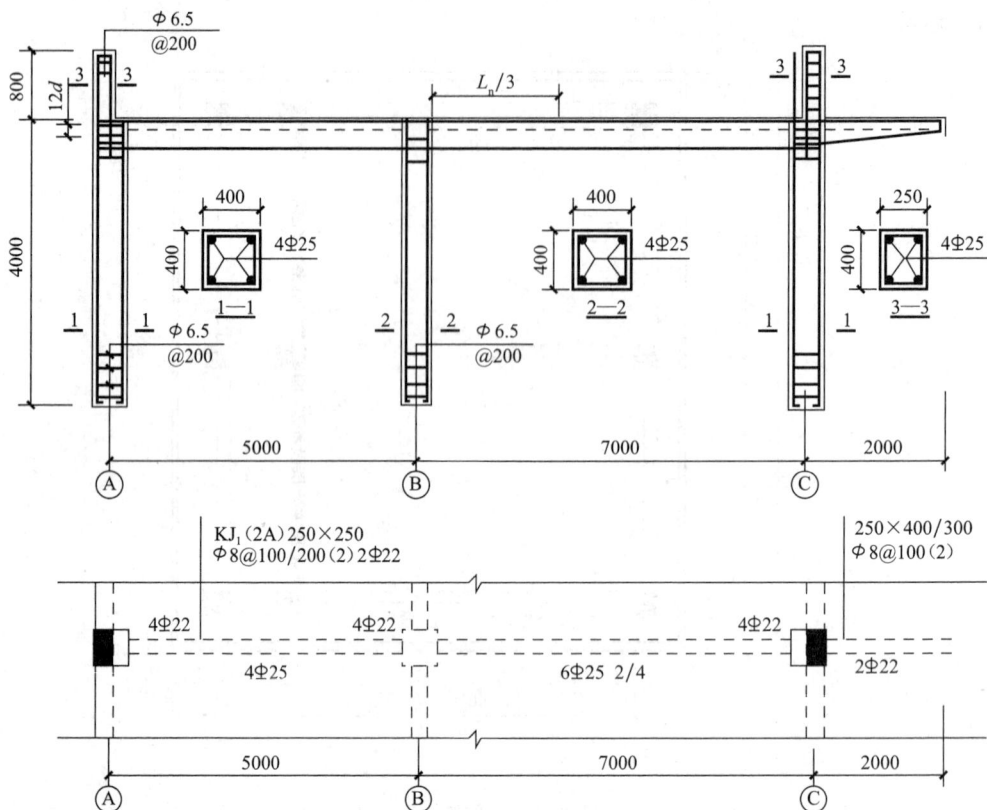

图 5-36 某工程钢筋混凝土框架示意图（单位：mm）

$$V_2 = \frac{1}{3} \times 1.8 \times (0.4 \times 0.25 + 0.25 \times 0.3 + \sqrt{0.4 \times 0.25 \times 0.25 \times 0.3}) \times 2 = 0.31 \text{m}^3$$

$$V = V_1 + V_2 = 2.8 + 0.31 = 3.11 \text{m}^3$$

【例 5-7】 如图 5-37 所示，某矩形过梁钢筋示意图，采用组合钢模板木支撑，混凝土保护层厚度 30mm，试用定额方法计算其工程量。

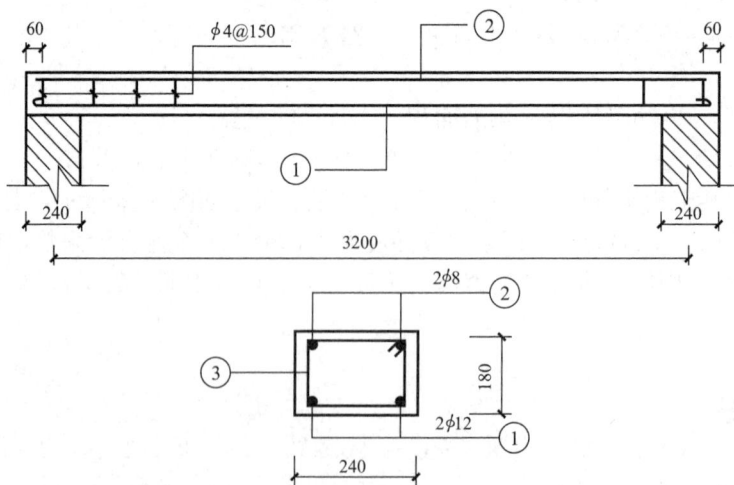

图 5-37 矩形过梁钢筋示意图

96

【解】

（1）混凝土工程量：
$$V = 0.24 \times 0.18 \times (3.2 + 0.24) = 0.15\text{m}^3$$

（2）模板工程量：
$$S = (3.2 - 0.24) \times (0.18 \times 2 + 0.24) = 1.78\text{m}^2$$

（3）钢筋工程量：

$\phi12$：$(3.2 + 0.24 - 0.03 \times 2 + 2 \times 6.25 \times 0.012) \times 2 \times 0.888 = 6.27\text{kg} = 0.006\text{t}$

$\phi8$：$(3.2 + 0.24 - 0.03 \times 2) \times 2 \times 0.395 = 2.67\text{kg} = 0.003\text{t}$

箍筋 $\phi4$：
$$\frac{3.2 + 0.24 - 0.06 \times 2}{0.15} + 1 = 24 \text{ 个}$$

$[(0.24 + 0.18) \times 2 - 8 \times 0.03 + 2 \times 12.89 \times 0.04] \times 24 \times 0.099 = 3.88\text{kg} = 0.004\text{t}$

【例 5-8】 求图 5-38 所示现浇板的模板工程量。板厚 90mm。

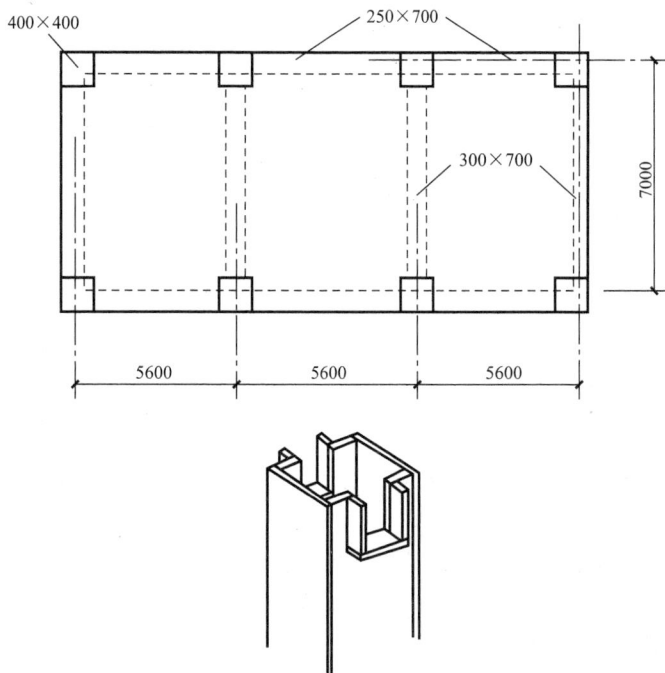

图 5-38　现浇板模板示意图

【解】

基础模板工程量 = 混凝土与模板的接触面积 = 基础支模长度 × 支模高度

$S_{梁} = [(5.6 - 0.2 \times 2) \times 2 \times (0.7 - 0.09) + (5.6 - 0.2 \times 2) \times 0.25] \times 6$
$\qquad + [(7.0 - 0.2 \times 2) \times 2 \times (0.7 - 0.09) + (7.0 - 0.2 \times 2) \times 0.3] \times 4 = 85.99\text{m}^2$

$S_{板} = (5.6 \times 3 + 0.2 \times 2) \times (7.0 + 0.2 \times 2) - [0.4 \times 0.4 \times 8 + (5.6 - 0.2 \times 2)$
$\qquad \times 0.25 \times 6 + (7.0 - 0.2 \times 2) \times 0.3 \times 4] + (5.6 \times 3 + 0.2 \times 2 + 7.0 + 0.2 \times 2)$
$\qquad \times 2 \times 0.09 = 114.71\text{m}^2$

$$S_{模} = S_{梁} + S_{板} = 85.99 + 114.71 = 200.7\text{m}^2$$

【例 5-9】 根据图 5-39，计算 8 根现浇 C20 钢筋混凝土矩形梁的钢筋工程量，混凝土保护层厚度为 25mm。

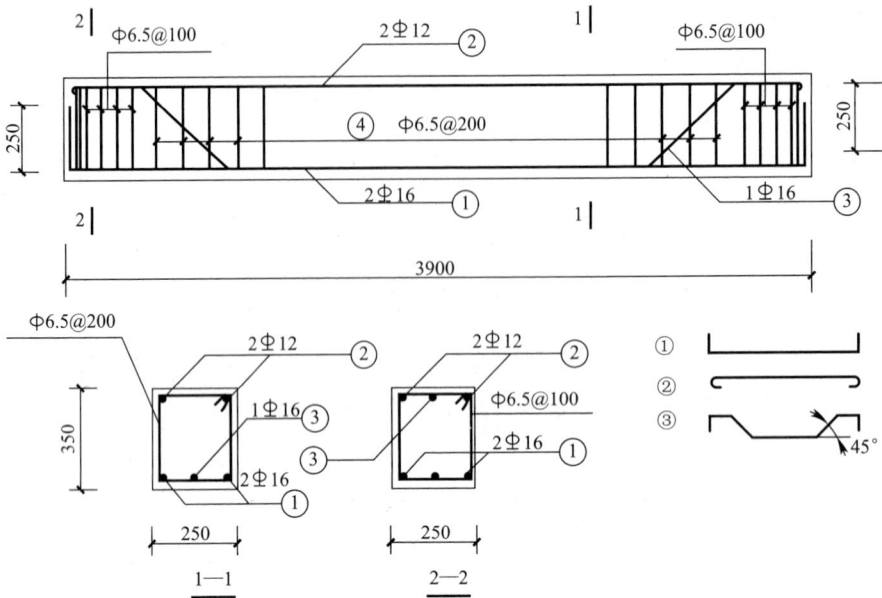

图 5-39 现浇 C20 钢筋混凝土矩形梁

注：1. $\Phi16$ 钢筋每米质量 = (0.006165×16^2) kg/m = 1.58kg/m

2. $\Phi12$ 钢筋每米质量 = (0.006165×12^2) kg/m = 0.888kg/m

3. $\Phi6.5$ 钢筋每米质量 = (0.006165×6.5^2) kg/m = 0.26kg/m

【解】

（1）计算一根矩形梁的钢筋长度

1）①号箍筋（2Φ16）：

$$l = (3.90 - 0.025 \times 2 + 0.25 \times 2) \times 2 = 8.70\text{m}$$

2）②号箍筋（2Φ12）：

$$l = (3.90 - 0.025 \times 2 + 0.012 \times 6.25 \times 2) \times 2 = 8.0\text{m}$$

3）③号箍筋（1Φ16）：

弯起钢筋增加值计算，查表 5-3，得

$$l = 3.90 - 0.025 \times 2 + 0.25 \times 2 + (0.35 - 0.025 \times 2 - 0.016) \times 0.414 \times 2 = 4.59\text{m}$$

4）④号箍筋（Φ6.5@100、Φ6.5@200）：

箍筋根数按图 5-39 所示并查表 5-4 计算，得

箍筋根数 = $(3.90 - 0.025 \times 2 - 0.10 \times 3 \times 2 - 0.20 \times 2) \div 0.20 + 1 + 4 \times 2 = 24$ 根

$$\text{每根箍筋长度} = (0.35 + 0.25) \times 2 - 0.02 = 1.18\text{m}$$

$$l = 1.18 \times 24 = 28.32\text{m}$$

（2）计算 8 根矩形梁的钢筋质量

1）Φ16：

$$(8.7 + 4.59) \times 8 \times 1.58 = 167.99\text{kg}$$

2）Φ12：

$$8.0 \times 8 \times 0.888 = 56.83\text{kg}$$

3）Φ6.5：
$$28.32 \times 8 \times 0.26 = 58.91 \text{kg}$$
4）8 根梁的总钢筋质量：
$$167.99 + 56.834 + 58.91 = 284 \text{kg}$$

【例 5-10】 某建筑有两组铁窗，其中 2 组 C1 窗：1800mm×1700mm，4 组 C2 窗：1500mm×1700mm。每隔 0.1m 设置 1 根窗栅钢筋（$\phi 12$），如图 5-40 所示。试计算窗栅钢筋工程量。

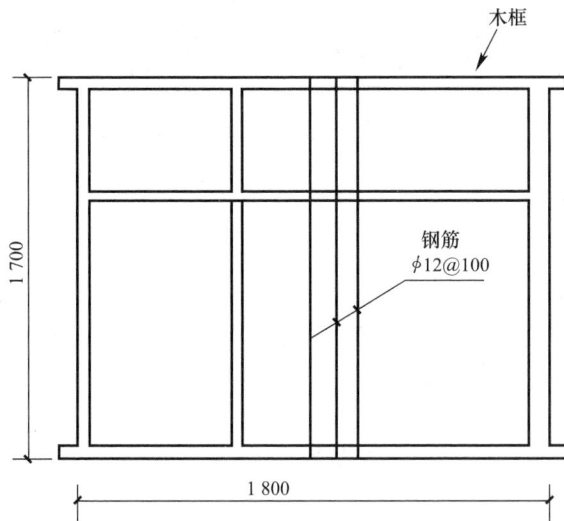

图 5-40 C1 窗铁窗栅钢筋计算示意图

【解】
按设计图示钢筋长乘以单位理论质量：
（1）C1 窗
1）C1 每樘窗钢筋根数：
$$1.8 \div 0.1 - 1 = 17 \text{ 根}$$
2）C1 窗钢筋长：
$$1.7 \times 17 \times 4 = 115.6 \text{m}$$
（2）C2 窗
1）C2 每樘钢筋根数：
$$1.5 \div 0.1 - 1 = 14 \text{ 根}$$
2）C2 窗钢筋长：
$$1.7 \times 14 \times 2 = 47.6 \text{m}$$
（3）铁窗钢筋重
铁窗钢筋重＝长×线密度×损耗率＝（115.6＋47.6）×0.808×1.025＝135.16kg
$$= 0.135 \text{t}$$

【例 5-11】 如图 5-41 所示，试计算现浇混凝土墙工程量。

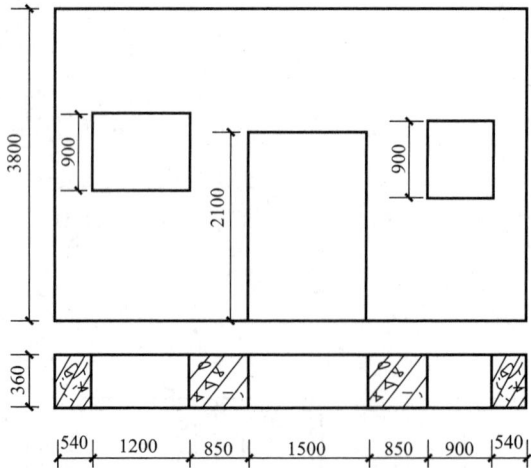

图 5-41 现浇混凝土墙示意图

【解】

（1）横向外墙中心线长度

$$L = 0.54 + 1200 + 0.85 + 1.5 + 0.85 + 0.9 + 0.54$$
$$= 6.38\text{m}$$

（2）混凝土墙体积工程量

$$V = (6.38 \times 3.8 - 0.9 \times 1.2 - 1.5 \times 2.1 - 0.9 \times 0.9) \times 0.36$$
$$= 6.91\text{m}^3$$

【例 5-12】 试求如图 5-42 所示的现浇钢筋混凝土有梁板模板的工程量。

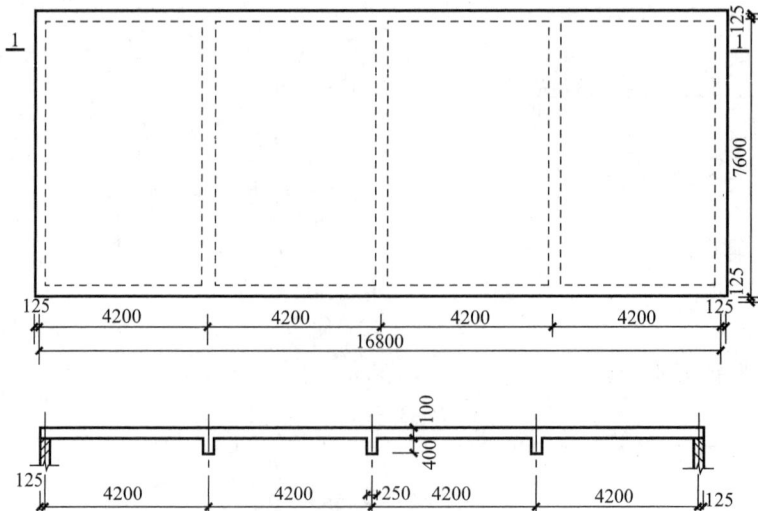

图 5-42 有梁板示意图

【解】

现浇钢筋混凝土模板工程量

$$S = (16.8 - 0.25) \times (7.6 - 0.25) + (7.6 - 0.25) \times 0.4 \times 6 +$$
$$(16.8 + 0.25 + 7.6 + 0.25) \times 2 \times 0.1$$
$$= 144.26 \text{m}^2$$

【例 5-13】 如图 5-43 所示现浇混凝土矩形柱，混凝土强度等级 C25，现场搅拌混凝土。试计算其工程量并编制工程量综合单价分析表（钢筋及模板计算从略）。

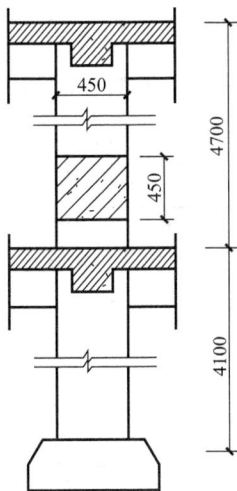

图 5-43　现浇钢筋混凝土矩形柱

【解】

（1）清单工程量计算

矩形柱混凝土工程量：

$$V = 0.45 \times 0.45 \times (4.7 + 4.1)$$
$$= 1.78 \text{m}^3$$

（2）消耗量定额工程量

矩形柱混凝土工程量：

$$V = 0.45 \times 0.45 \times (4.7 + 4.1)$$
$$= 1.78 \text{m}^3$$

（3）现浇混凝土矩形柱

1）C25 现浇混凝土矩形柱人工费：421.52×1.78/10＝75.03 元

材料费：1524.39×1.78/10＝271.34 元

机械费：9.01×1.78/10＝1.60 元

小计：347.97 元

2）现场搅拌混凝土

人工费：50.38×1.78/10＝8.97 元

材料费：13.91×1.78/10＝2.48 元

机械费：56.52×1.78/10＝10.06 元

小计：21.51 元

（4）综合

直接费合计：369.48 元

管理费：369.48×34%＝125.62 元

利润：369.48×8%＝29.56 元

合价：369.48＋125.62＋29.56＝524.66 元

综合单价：524.66÷1.78＝294.75 元

分部分项工程和单价措施项目清单与计价表、综合单价分析表见表 5-12 和表 5-13。

分部分项工程和单价措施项目清单与计价表 表 5-12

工程名称：某现浇混凝土柱工程　　　　　　　标段：　　　　　　　　　　第　页共　页

序号	项目编号	项目名称	项目特征述	计量单位	工程量	金额/元	
						综合单价	合价
1	010402001001	矩形柱	1. 混凝土种类：现浇混凝土 2. 混凝土强度等级：C25	m³	1.78	294.75	524.66
		合计					524.66

综合单价分析表 表 5-13

工程名称：某现浇混凝土柱工程　　　　　　　标段：　　　　　　　　　　第　页共　页

项目编码	010402001001	项目名称	矩形柱	计量单位	m³	工程量	1.78

综合单价组成明细

定额编号	定额名称	定额单位	数量	单价/元				合价/元			
				人工费	材料费	机械费	管理费和利润	人工费	材料费	机械费	管理费和利润
4-2-17	C25 现浇混凝土矩形柱	10m³	0.1	421.52	1524.39	9.01	821.07	42.15	152.44	0.90	82.11
4-4-16	现场搅拌混凝土	10m³	0.1	50.38	13.91	56.52	50.74	5.04	1.39	5.65	5.07
人工单价		小计						47.19	153.83	6.55	87.18
28 元/工日		未计价材料费						—			
		清单项目综合单价						294.75			

【例 5-14】 如图 5-44 所示为现浇混凝土板板厚 240mm，混凝土强度等级 C25（石子＜20mm），现场搅拌混凝土。试计算其工程量并编制工程量综合单价分析表（钢筋及模板计算从略）。

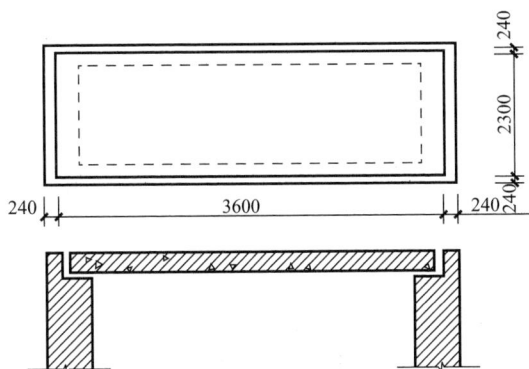

图 5-44 现浇混凝土平板

【解】

（1）清单工程量

平板工程量

$$V = 3.6 \times 2.3 \times 0.24 = 1.99\text{m}^3$$

（2）消耗量定额工程量

平板工程量

$$V = 3.6 \times 2.3 \times 0.24 = 1.99\text{m}^3$$

（3）现浇混凝土平板

1）现浇混凝土平板 C25

人工费：$242.44 \times 1.99/10 = 48.25$ 元

材料费：$1691.50 \times 1.99/10 = 336.61$ 元

机械费：$8.07 \times 1.99/10 = 1.61$ 元

小计：386.47 元

2）现场搅拌混凝土

人工费：$50.38 \times 1.99/10 = 10.03$ 元

材料费：$13.91 \times 1.99/10 = 2.77$ 元

机械费：$56.52 \times 1.99/10 = 11.25$ 元

小计：24.05 元

（4）综合

直接费合计：410.52 元

管理费：$410.52 \times 34\% = 139.58$ 元

利润：$410.52 \times 8\% = 32.84$ 元

合价：$410.52 + 139.58 + 32.84 = 582.94$ 元

综合单价：$582.94 \div 1.99 = 292.93$ 元

分部分项工程和单价措施项目清单与计价表、综合单价分析表见表 5-14 和表 5-15。

分部分项工程和单价措施项目清单与计价表

表 5-14

工程名称：某现浇混凝土平板工程　　　　　　标段：　　　　　　　　　　第　页 共　页

序号	项目编号	项目名称	项目特征描述	计量单位	工程量	金额/元	
						综合单价	合价
1	010405003001	平板	1. 混凝土种类：现浇混凝土 2. 混凝土强度等级：C25	m³	1.99	292.93	582.94
			合计				582.94

综合单价分析表

表 5-15

工程名称：某现浇混凝土平板工程　　　　　　标段：　　　　　　　　　　第　页 共　页

项目编码	010405003001	项目名称	平板	计量单位	m³	工程量	1.99

综合单价组成明细

定额编号	定额名称	定额单位	数量	单价/元				合价/元			
				人工费	材料费	机械费	管理费和利润	人工费	材料费	机械费	管理费和利润
4-2-38	现浇混凝土平板 C25	10m³	0.1	242.44	1691.50	8.07	815.64	24.24	169.15	0.81	81.57
4-4-16	现场搅拌混凝土	10m³	0.1	50.38	13.91	56.52	50.74	5.04	1.39	5.65	5.08
人工单价		小计						29.28	170.54	6.46	86.65
28 元/工日		未计价材料费						—			
清单项目综合单价								292.93			

6 金属结构工程手工算量与实例精析

6.1 金属结构工程工程量手算方法

6.1.1 钢制支架、柱、梁、板工程量

1. 钢网架

（1）计算公式

钢网架工程量＝图示钢网架中各钢材重量之和

（2）清单工程量计算规则及说明

钢网架工程量按设计图示尺寸以质量计算，不扣除孔眼的质量，焊条、铆钉、螺栓等不另增加质量。

"钢网架"项目适用于一般钢网架和不锈钢网架。不论网架的节点形式（球形节点、板式节点等）和节点连接方式（焊接、丝接）等，均使用该项目。

（3）定额工程量计算规则及说明

钢网架工程量按图示钢材尺寸以吨计算，不扣除孔眼、切边的重量，焊条、铆钉、螺栓等重量，已包括在定额内不另计算。在计算不规则或多边形钢板重量时均以其最大对角线乘最大宽度的矩形面积计算。

2. 钢屋架

（1）计算公式

钢屋架工程量＝图示钢屋架中各钢材重量之和

（2）清单工程量计算规则及说明

钢屋架按设计图示尺寸以质量计算。不扣除孔眼的质量，焊条、铆钉、螺栓等不另增加质量。

"钢屋架"项目适用于一般钢屋架、轻钢屋架和冷弯薄壁型钢屋架。

轻钢屋架，是指采用圆钢筋、小角钢（<∟ 45mm×4mm 等肢角钢、<∟ 56mm×36mm×4mm 不等肢角钢）和薄钢板（厚度≤4mm）等材料组成的轻型钢屋架。

所谓薄壁型钢屋架，是指厚度在 2~6mm 的钢板及经冷弯或冷拔等方式弯曲而成的型钢组成的屋架。

（3）定额工程量计算规则及说明

钢屋架工程量按图示钢材尺寸以吨计算，不扣除孔眼、切边的重量，焊条、铆钉、螺栓等重量，已包括在定额内不另计算。在计算不规则或多边形钢板重量时均以其最大对角线乘最大宽度的矩形面积计算。

3. 钢托架、钢桁架、钢架桥

（1）计算公式

工程量＝图示各钢材重量之和

（2）工程量计算规则及说明

钢托架、钢桁架、钢架桥工程量按设计图示尺寸以质量计算，不扣除孔眼的质量，焊条、铆钉、螺栓等不另增加质量。

4. 钢柱

（1）实腹钢柱、空腹钢柱

1）计算公式：

$$工程量＝图示各钢材重量之和$$

2）工程量计算规则及说明：

实腹钢柱、空腹钢柱工程量按设计图示尺寸以质量计算。不扣除孔眼的质量，焊条、铆钉、螺栓等不另增加质量，依附在钢柱上的牛腿及悬臂梁等并入钢柱工程量内。

"空腹柱"项目适用于空腹钢柱和空腹式型钢混凝土柱。"实腹柱"项目适用于实腹钢柱和实腹式型钢混凝土柱。型钢混凝土柱是指由混凝土包裹型钢组成的柱。

（2）钢管柱

1）计算公式：

$$工程量＝图示各钢材重量之和$$

2）工程量计算规则及说明：

钢管柱工程量按设计图示尺寸以质量计算。不扣除孔眼的质量，焊条、铆钉、螺栓等不另增加质量，钢管柱上的节点板、加强环、内衬管、牛腿等并入钢管柱工程量内。

"钢管柱"项目适用于钢管柱和钢管混凝土柱。钢管混凝土柱是指将普通混凝土填入薄壁圆形钢管内形成的组合结构。

5. 钢梁、钢吊车梁

（1）计算公式

$$工程量＝图示各钢材重量之和$$

（2）工程量计算规则及说明

钢梁、钢吊车梁工程量按设计图示尺寸以质量计算，不扣除孔眼的质量，焊条、铆钉、螺栓等不另增加质量，制动梁、制动板、制动桁架、车挡并入钢吊车梁工程量内。

"钢梁"项目适用于钢梁和实腹式型钢混凝土梁。型钢混凝土梁是指由混凝土包裹型钢组成的梁。

6. 钢板楼板、墙板

（1）钢板楼板

1）计算公式：

$$工程量＝铺设水平投影面积$$

2）工程量计算规则及说明：

钢板楼板工程量按设计图示尺寸以铺设水平投影面积计算。不扣除柱、垛及单个 $0.3m^2$ 以内的孔洞所占面积。

"钢板楼板"项目适用于现浇混凝土楼板，使用压型钢板作永久性模板，并与混凝土叠加后组成共同受力的构件。压型钢板采用镀锌或经防腐处理的薄钢板。

（2）钢板墙板

1）计算公式：

$$工程量＝铺挂展开面积$$

2）工程量计算规则及说明：

钢板墙板工程量按设计图示尺寸以铺挂展开面积计算。不扣除单个 0.3m² 以内的孔洞所占面积，包角、包边、窗台泛水等不另增加面积。

"钢板墙板"适用于压型钢板与轻质材料板复合而成（如彩钢夹心板等），以此作为墙体材料。

6.1.2 钢构件及金属制品工程量

1. 钢构件

（1）计算公式

$$工程量＝图示各钢材重量之和$$

（2）工程量计算规则

钢支撑、钢拉条、钢檩条、钢天窗架、钢挡风架、钢墙架、钢平台、钢走道、钢梯、钢栏杆、钢支架以及星钢构件的工程量按设计图示尺寸以质量计算。不扣除孔眼的质量，焊条、铆钉、螺栓等不另增加质量。

钢漏斗、钢板天沟工程量按设计图示尺寸以质量计算，不扣除孔眼的质量，焊条、铆钉、螺栓等不另增加质量，依附漏斗或天沟的型钢并入漏斗或天沟工程量内。

2. 金属制品

（1）计算公式

$$工程量＝图示展开面积$$

（2）工程量计算规则

成品空调金属百页护栏、成品栅栏、金属网栏的工程量按设计图示尺寸以质量计算。不扣除孔眼的质量，焊条、铆钉、螺栓等不另增加质量。

成品雨篷的工程量按设计图示接触边以米计算，或按设计图示尺寸以展开面积计算。

砌块墙钢丝网加固、后浇带金属网的工程量按设计图示尺寸以面积计算。

6.2 金属工程工程量手算参考公式

6.2.1 钢材理论质量计算

钢材理论质量的计算公式见表 6-1。

钢材理论质量的计算 表 6-1

名称（单位）	计算公式	符号意义
圆钢盘条（kg/m）	$W＝0.006165 \times d \times d$	d—直径
螺纹钢（kg/m）	$W＝0.00617 \times d \times d$	d—断面直径
方钢（kg/m）	$W＝0.00785 \times a \times a$	a—边宽
扁钢（kg/m）	$W＝0.00785 \times b \times d$	b—边宽 d—厚
六角钢（kg/m）	$W＝0.006798 \times s \times s$	s—对边距离

名称（单位）	计算公式	符号意义
八角钢（kg/m）	$W=0.0065\times s\times s$	s—对边距离
等边角钢（kg/m）	$W=0.00785\times[d\,(2b-d)+0.215\,(R^2-2r^2)]$	b—边宽 d—边厚 R—内弧半径 r—端弧半径
不等边角钢（kg/m）	$W=0.00785\times[d\,(B+b-d)+0.215\,(R^2-2r^2)]$	B—长边宽 b—短边宽 d—边厚 R—内弧半径 r—端弧半径
槽钢（kg/m）	$W=0.00785\times[hd+2t\,(b-d)+0.349\,(R^2-r^2)]$	h—高 b—腿长 d—腰厚 t—平均腿厚 R—内弧半径
工字钢（kg/m）	$W=0.00785\times[hd+2t\,(b-d)+0.615\,(R^2-r^2)]$	h—高 b—腿长 d—腰厚 t—平均腿厚 R—内弧半径 r—端弧半径
钢板（kg/m²）	$W=7.85\times d$	d—厚
钢管（包括无缝钢管及焊接钢管）（kg/m）	$W=0.02466\times S\,(D-S)$	D—外径 S—壁厚

注：钢材理论重量计算的计量单位为公斤（kg）。其基本公式为：

W（重量，kg）$=F$（断面积 mm²）$\times L$（长度，m）$\times \rho$（密度，g/cm³）$\times 1/1000$

钢的密度为：7.85g/cm³

6.2.2 钢板理论质量

钢板理论重量见表6-2。

钢板理论重量表 表6-2

厚度（mm）	理论重量（kg/m²）	厚度（mm）	理论重量（kg/m²）
0.2	1.570	0.65	5.103
0.25	1.963	0.7	5.495
0.27	2.120	0.75	5.888
0.3	2.355	0.8	6.280
0.35	2.748	0.9	7.065
0.4	3.140	1.0	7.850
0.45	3.533	1.1	8.635
0.5	3.925	1.2	9.420
0.55	4.318	1.25	9.813
0.6	4.710	1.3	10.205

厚度（mm）	理论重量（kg/m²）	厚度（mm）	理论重量（kg/m²）
1.4	10.990	18	141.300
1.5	11.775	19	149.150
1.6	12.560	20	157.000
1.8	14.130	21	164.850
2.0	15.700	22	172.700
2.2	17.270	23	180.550
2.5	19.630	24	188.400
2.8	21.980	25	196.250
3.0	23.550	26	204.100
3.2	25.120	27	211.950
3.5	27.480	28	219.800
3.8	29.830	29	227.650
4.0	31.400	30	235.500
4.5	35.325	32	251.200
5	39.250	34	266.900
5.5	43.175	36	282.600
6	47.100	38	298.300
7	54.950	40	314.000
8	62.800	42	329.700
9	70.650	44	345.400
10	78.500	46	361.100
11	86.350	48	376.800
12	94.200	50	392.500
13	102.050	52	408.200
14	109.900	54	423.900
15	117.750	56	439.600
16	125.600	58	455.300
17	133.450	60	471.000

注：1. 适用于各类普通钢板的理论重量计算。花纹钢板和不锈钢板除外。
　　2. 表中的理论重量按密度 7.85g/cm³ 计算。

6.2.3 钢屋架参考质量

1. 每榀钢屋架参考质量

每榀钢屋架的参考重量见表 6-3。

钢屋架每榀重量参考表　　　　　　　　　　　表 6-3

类别	荷重（N/m²）	屋架跨度（m）											
		6	7	8	9	12	15	18	21	24	27	30	36
		角钢组成每榀重量（t/榀）											
多边形	1000					0.418	0.648	0.918	1.260	1.656	2.122	2.682	—
	2000	—	—	—	—	0.518	0.810	1.166	1.460	1.776	2.090	2.768	3.603
	3000					0.677	1.035	1.459	1.662	2.203	2.615	3.830	5.000
	4000					0.872	1.260	1.459	1.903	2.614	3.472	3.949	5.955

类别	荷重 (N/m²)	屋架跨度（m）											
		6	7	8	9	12	15	18	21	24	27	30	36
		角钢组成每榀重量（t/榀）											
三角形	1000	—	—	—	0.217	0.367	0.522	0.619	0.920	1.195	—	—	—
	2000	—	—	—	0.297	0.461	0.720	1.037	1.386	1.800	—	—	—
	3000				0.324	0.598	0.936	1.307	1.840	2.390			
		轻型角钢组成每榀重量（t/榀）											
	96	0.046	0.063	0.076	—	—	—	—	—	—	—	—	—
	170	—	—	—	0.169	0.254	0.41						

2. 钢檩条每平方米屋盖水平投影面积参考质量

钢檩条每平方米屋盖水平投影面积参考质量见表 6-4。

钢檩条每平方米屋盖水平投影面积重量参考表　　表 6-4

屋架间距（m）	屋面荷重（N/m²）				
	1000	2000	3000	4000	5000
	每 1m² 屋盖檩条重量（kg）				
4.5	5.63	8.70	10.50	12.50	14.70
6.0	7.10	12.50	14.70	17.00	22.00
7.0	8.70	14.70	17.00	22.20	25.00
8.0	10.50	17.00	22.20	25.00	28.00
9.0	12.59	19.50	22.20	28.00	

注：1. 檩条间距为 1.8～2.5m。
　　2. 本表不包括檩条间支撑量，如有支撑，每 1m² 增加：圆钢制成为 1.0kg，角钢制成为 1.8kg。
　　3. 如有组合断面构成之屋檐时，则檩条之重量应增加 $\frac{36}{L}$（L 为屋架跨度）。

3. 钢屋架每平方米屋盖水平投影面积参考质量

每平方米屋盖水平投影面积钢屋架的参考重量见表 6-5。

钢屋架每平方米屋盖水平投影面积重量参考表　　表 6-5

屋架间距（m）	跨度（m）	屋面荷重（N/m²）				
		1000	2000	3000	4000	5000
		每 1m² 屋盖檩条重量（kg）				
三角形	9	6.0	6.92	7.50	9.53	11.32
	12	6.41	8.00	10.33	12.67	15.13
	15	7.20	10.00	13.00	16.30	19.20
	18	8.00	12.00	15.13	19.20	22.90
	21	9.10	13.80	18.20	22.30	26.70
	24	10.33	15.67	20.80	25.80	30.50

屋架间距（m）	跨度（m）	屋面荷重（N/m²）				
		1000	2000	3000	4000	5000
		每 1m² 屋盖檩条重量（kg）				
多角形	12	6.8	8.3	11.0	13.7	15.8
	15	8.5	10.6	13.5	16.5	19.8
	18	10	12.7	16.1	19.7	23.5
	21	11.9	15.1	19.5	23.5	27
	24	13.5	17.6	22.6	27	31
	27	15.4	20.5	26.1	30	34
	30	17.5	23.4	29.5	33	37

注：1. 本表屋架间距按 6m 计算，如间距为 a 时，则屋面荷重以系数 $\frac{a}{b}$，由此得知屋面新荷重，再从表中查出重量。

2. 本表重量中包括屋架支座垫板及上弦连接檩条之角钢。

3. 本表系铆接。如采用电焊时，三角形屋架乘系数 0.85，多角形乘系数 0.87。

4. 钢屋架上弦支撑每平方米屋盖水平投影面积参考质量

每平方米屋盖水平投影面积钢屋架上弦支撑的参考重量见表 6-6。

钢屋架上弦支撑每平方米屋盖水平投影面积重量参考表　　　　　表 6-6

屋架间距（m）	屋架跨度（m）					
	12	15	18	21	24	30
	每 1m² 屋盖上弦支撑重量（kg）					
4.5	7.26	6.21	5.64	5.50	5.32	5.33
6.0	8.90	8.15	7.42	7.24	7.10	7.00
7.5	10.85	8.93	7.78	7.78	7.75	7.70

注：表中屋架上弦支撑重量已包括屋架间的垂直支撑钢材用量。

5. 钢屋架下弦支撑每平方米屋盖水平投影面积参考质量

每平方米屋盖水平投影面积钢屋架下弦支撑的参考重量见表 6-7。

钢屋架下弦支撑每平方米屋盖水平投影面积重量参考表　　　　　表 6-7

建筑物高度（m）	屋架间距（m）	屋面风荷载（kg/m²）		
		30	50	80
		每平方米屋盖下弦支撑重量（kg）		
12	4.5	2.50	2.90	3.65
	6.0	3.60	4.00	4.60
	7.5	5.60	5.85	6.25
18	4.5	2.80	3.40	4.12
	6.0	3.90	4.40	5.20
	7.5	5.70	6.15	6.80
24	4.5	3.00	3.80	4.66
	6.0	4.18	4.80	5.87
	7.5	5.90	6.48	6.20

6. 每榀轻型钢屋架参考质量

每榀轻型钢屋架参考重量见表 6-8。

表 6-8

轻型钢屋架每榀重量表

类 别		屋架跨度（m）			
		8	9	12	15
		每榀重量（t）			
梭形	下弦 16Mn	0.135～0.187	0.17～0.22	0.286～0.42	0.49～0.581
	上弦 A₃	0.151～0.702	0.17～0.25	0.306～0.45	0.519～0.625

6.2.4 每根轻钢檩条参考质量

每根轻钢檩条的参考重量见表 6-9。

表 6-9

轻型钢檩条每根重量参考表

檩长（m）	钢材规格		重量（kg/根）	檩长（m）	钢材规格		重量（kg/根）
	下弦	上弦			下弦	上弦	
2.4	1φ8	2φ10	9.0	4.0	1φ10	1φ12	20.0
3.0	1φ16	∟45×4	16.4	5.0	1φ12	1φ14	25.6
3.3	1φ10	2φ12	14.5	5.3	1φ12	1φ14	27.0
3.6	1φ10	2φ12	15.8	5.7	1φ12	1φ14	32.0
3.75	1φ10	∟50×5	18.8	6.0	1φ14	2∟25×2	31.6
4.0	1φ16	∟50×5	23.5	6.0	1φ14	2φ16	38.5

6.2.5 每米钢平台（带栏杆）参考质量

每米钢平台（带栏杆）的参考重量见表 6-10。

表 6-10

钢平台（带栏杆）每1m重量参考表

平台宽度（m）	3m 长平台	4m 长平台	5m 长平台
	每 1m 重量（kg）		
0.6	54	60	65
0.8	67	74	81
1.0	78	84	97
1.2	87	100	107

注：表中栏杆为单面，如两面均有，每1m平台增10.2kg。

6.2.6 每米钢栏杆及扶手参考质量

每米钢栏杆及扶手参考质量见表 6-11。

表 6-11

每米钢栏杆及扶手参考质量

项 目	钢栏杆			钢扶手		
	角钢	圆钢	扁钢	钢管	圆钢	扁钢
	每米重量（kg）					
栏杆及扶手制作	15	12	10	14	9.5	7.7

6.3 金属结构工程工程量手算实例解析

【例 6-1】 计算如图 6-1 所示钢屋架制作的工程量。

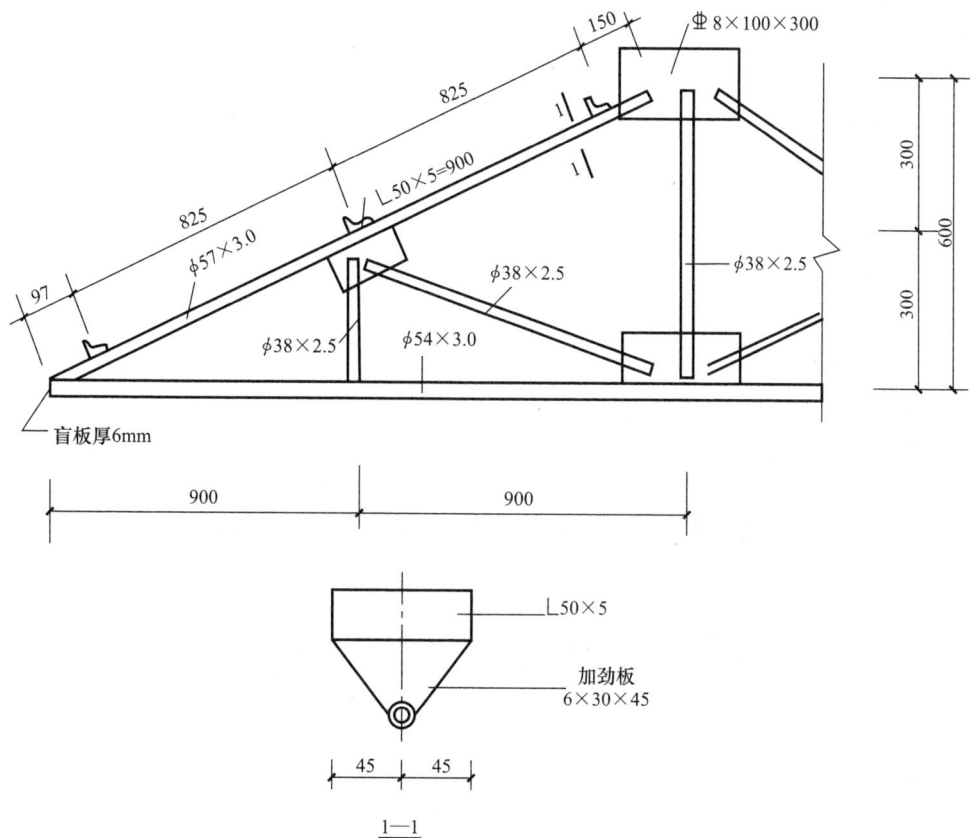

图 6-1 钢屋架示意图

【解】

（1）上弦杆（$\phi57\times3.0$ 钢管）工程量

$(0.097+0.825\times2+0.15)\times2\times4$

$=15.18\text{kg}$

（2）下弦杆工程量（$\phi54\times3.0$ 钢管）

$(0.9+0.9)\times2\times3.77$

$=13.57\text{kg}$

（3）腹杆（$\phi38\times2.5$ 钢管）工程量

$(0.3\times2+\sqrt{0.3^2+0.9^2}\times2+0.6)\times2.19$

$=6.78\text{kg}$

（4）连接板（厚 8mm）工程量

$(0.1\times0.3\times4)\times62.8$

$=7.54\text{kg}$

（5）盲板（厚6mm）工程量

$$\left(\frac{\pi \times 0.054^2}{4}\right) \times 2 \times 47.1$$

$$=0.22\text{kg}$$

（6）角钢（∟50×5）工程量

$$0.9 \times 6 \times 3.7$$

$$=19.98\text{kg}$$

（7）加劲板（厚6mm）工程量

$$0.03 \times 0.045 \times \frac{1}{2} \times 2 \times 6 \times 47.1$$

$$=0.38\text{kg}$$

（8）总的预算工程量

$$15.18+13.57+6.78+7.54+0.22+19.98+0.38$$

$$=63.65\text{kg}=0.064\text{t}$$

【例6-2】 如图6-2所示的钢托架，计算该钢托架的清单工程量。

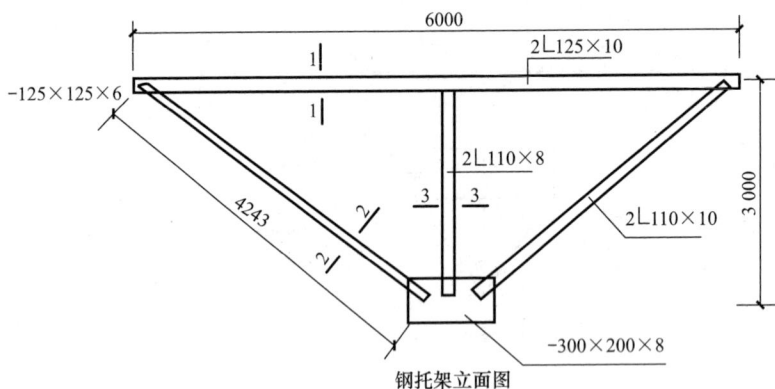

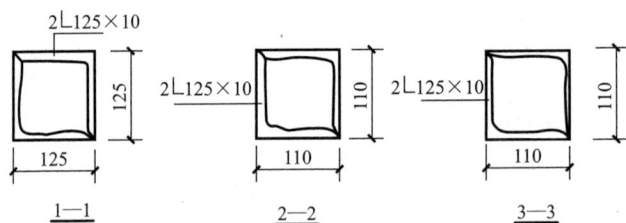

图6-2 钢托架示意图

【解】

（1）上弦杆的工程量

∟125×10的理论质量是19.133kg/m。

$$19.133 \times 6.0 \times 2$$

$$=229.60\text{kg}=0.230\text{t}$$

（2）斜向支撑杆的工程量

∟110×10的理论质量是16.69kg/m。

$$16.69 \times 4.243 \times 4$$

＝283.26kg＝0.283t

（3）竖向支撑杆的工程量

∟110×8 的理论质量是 13.532kg/m。

13.532×3.0×2

＝81.19kg＝0.081t

（4）连接板的工程量

8mm 厚的钢板的理论质量为 62.8kg/m²。

62.8×0.2×0.3

＝3.77kg＝0.004t

（5）塞板的工程量

6mm 厚的钢板的理论质量为 47.1kg/m²。

47.1×0.125×0.125×2

＝1.47kg＝0.001t

（6）总的预算工程量

0.230＋0.283＋0.081＋0.004＋0.001

＝0.599t

【例 6-3】 某装饰大棚型钢檩条，尺寸如图 6-3 所示，共 50 根，∟50×32×4 的线密度为 2.494kg/m。试计算其工程量。

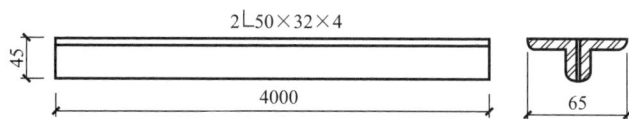

图 6-3 钢檩条示意图

【解】

组合型钢檩条工程量

4×2×2.494×50

＝997.6kg＝0.998t

【例 6-4】 如图 6-4 所示为某钢柱结构图，共有 20 根这样的钢柱（方形钢板 δ＝8，不规则钢板 δ＝6），试计算其工程量。

【解】

（1）方形钢板（δ＝8）

每平方米重量：62.8kg/m²

1）钢板面积：

0.36×0.36

＝0.13m²

2）重量小计：

62.8×0.13×2

＝16.33kg

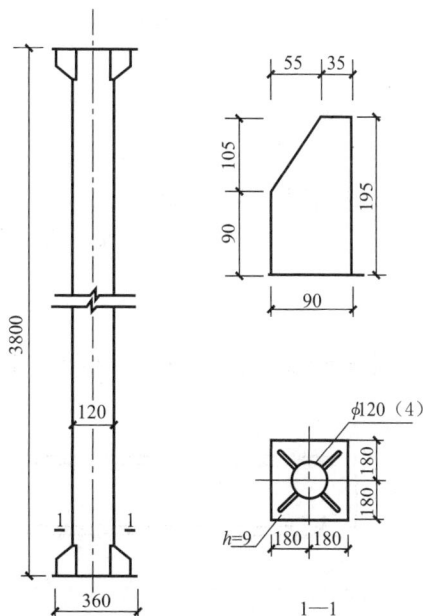

图 6-4 钢柱结构图

115

（2）不规则钢板（$\delta=6$）

每平方米重量：47.1kg/m^2

1）钢板面积：

$(0.195+0.09)\times0.09\div2$

$=0.013\text{m}^2$

2）重量小计：

$47.1\times0.013\times8=4.90\text{kg}$

（3）钢管重量

$(3.8-0.008\times2)\times10.26$

$=38.82\text{kg}$

（4）20 根钢柱重量

$(16.33+4.90+38.82)\times20$

$=1201\text{kg}$

【例 6-5】 试计算图 6-5 所示的钢屋架间水平支撑的制作工程量。

【解】

（1）—8 钢板工程量

—8 钢板重量

$=$①号钢板总重量$+$②号钢板总重量

$=(0.085+0.18)\times(0.07+0.18)$

$\quad\times62.8\times2+(0.21+0.095)$

$\quad\times(0.19+0.08)\times62.8\times2$

$=18.66\text{kg}$

（2）∟ 75×5 角钢重量

$$∟75\times5\text{角钢重量}=\text{角钢长度}\times\text{每米重量}\times\text{根数}$$
$$=7.3\times5.82\times2$$
$$=84.97\text{kg}$$

（3）水平支撑工程量

$$\text{水平支撑工程量}=\text{钢板重量}+\text{角钢重量}$$
$$=18.66+84.97$$
$$=103.63\text{kg}$$

【例 6-6】 如图 6-6 所示的槽形钢梁，试计算其清单工程量。

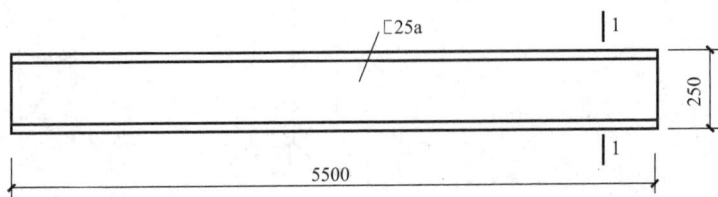

图 6-5 钢屋架水平支撑

图 6-6 钢梁立面图

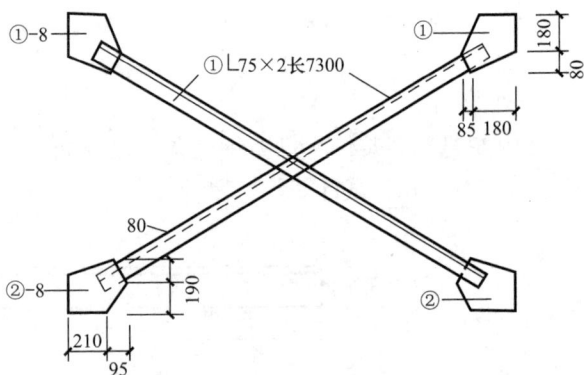

【解】

⎿ 25a 的理论质量为 27.4kg/m。

27.4×5.5＝150.7kg＝0.151t

【例 6-7】 压型钢板墙板如图 6-7 所示，计算其清单工程量。

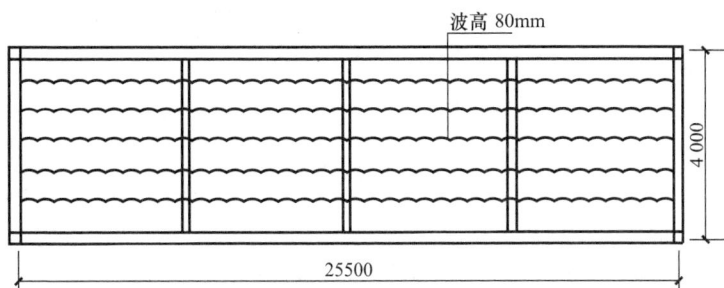

图 6-7 墙板布置图

【解】

钢板墙板工程量：

25.5×4＝102m²

【例 6-8】 某工程空腹钢柱如图 6-8 所示（最底层钢板为一 12mm 厚），共 2 根，加工厂制作，运输到现场拼装、安装、超声波探伤、耐火极限为二级。钢材单位理论质量见表 6-12。试计算空腹钢柱的工程量。

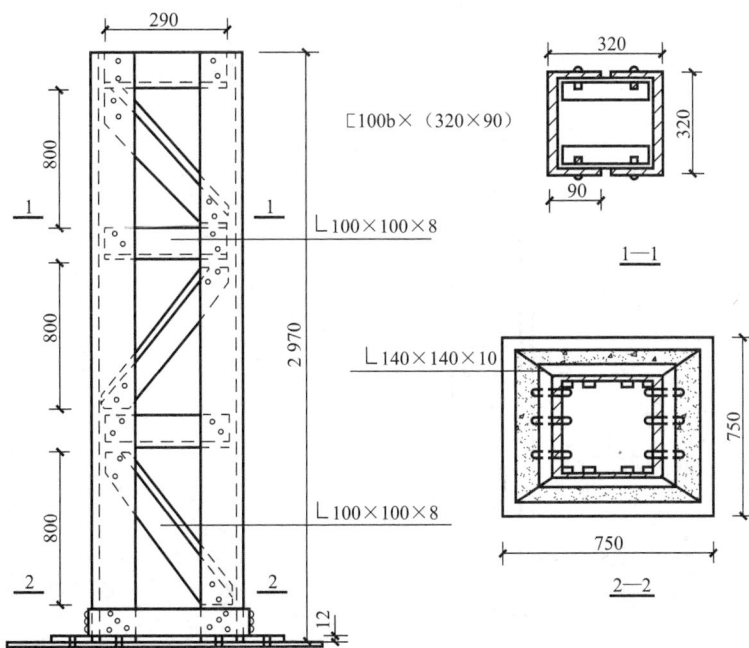

图 6-8 空腹钢柱示意图（单位：mm）

规　格	单位质量	备　注
⼁100b×(320×90)	43.25kg/m	槽钢
∟100×100×8	12.28kg/m	角钢
∟140×140×10	21.49kg/m	角钢
—12	94.20kg/m²	钢板

【解】

（1）⼁100b×(320×90) 工程量

$$G_1 = 2.97 \times 2 \times 43.25 \times 2$$
$$= 513.81 \text{kg}$$

（2）∟100×1130×8 工程量

$$G_2 = (0.29 \times 6 + \sqrt{0.8^2 + 0.29^2} \times 6) \times 12.28 \times 2$$
$$= 168.13 \text{kg}$$

（3）∟140×140×10 工程量

$$G_3 = (0.32 + 0.14 \times 2) \times 4 \times 21.49 \times 2$$
$$= 103.15 \text{kg}$$

（4）—12 工程量

$$G_4 = 0.75 \times 0.75 \times 94.20 \times 2$$
$$= 105.98 \text{kg}$$

（5）空腹钢柱的工程量

$$G = G_1 + G_2 + G_3 + G_4$$
$$= 513.81 + 168.13 + 103.15 + 105.98$$
$$= 891.07 \text{kg} = 0.891 \text{t}$$

【例 6-9】 某钢直梯如图 6-9 所示，试求该钢直梯的工程量。

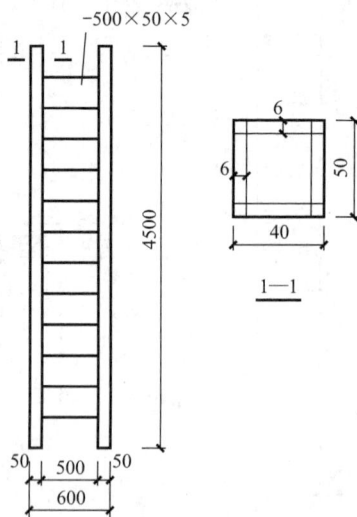

6-9　钢直梯示意图（单位：mm）

【解】

（1）扶手工程量：

6mm 厚钢板的理论质量为 47.1kg/m^2。

$$m_1 = 47.1 \times (0.05 \times 2 + 0.04 \times 2) \times 4.5 \times 2$$
$$= 76.30\text{kg} = 0.076\text{t}$$

（2）梯板工程量：

5mm 厚钢板的理论质量为 39.2kg/m^2。

$$m_2 = 39.2 \times 0.5 \times 0.05 \times 12$$
$$= 11.76\text{kg} = 0.012\text{t}$$

（3）总的清单工程量：

$$m_2 = m_2 + m_2$$
$$= 0.076 + 0.012 = 0.088\text{t}$$

【例 6-10】 如图 6-10 所示为钢制漏斗示意图，已知钢板厚 2mm，钢板密度 15.70kg/m^3。求制作钢制漏斗工程量。

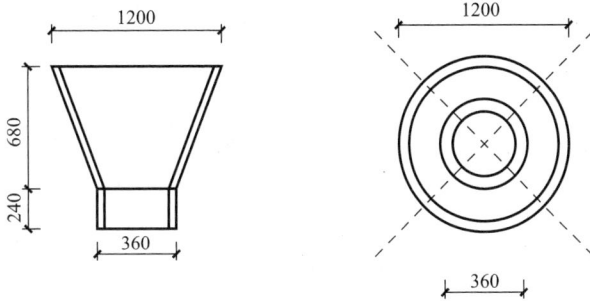

图 6-10　钢制漏斗示意图

【解】

（1）上板口面积

上板口长＝1.2×3.14＝3.77m

上板口面积＝3.77×0.68＝2.56m^2

（2）下板口面积

下口板长＝0.36×3.14＝1.13m^2

下口板面积＝1.13×0.24＝0.27m^2

（2）钢制漏斗工程量

$$重量 = (2.56 + 0.27) \times 15.70\text{kg/m}^3$$
$$= 44.43\text{kg}$$

【例 6-11】 某工程钢支撑如图 6-11 所示，钢屋架刷一遍防锈漆，一遍防火漆，试计算其工程量并编制工程量综合单价分析表。

【解】

（1）工程量计算

1）角钢（∟140×12）：3.6×2×2×25.552＝367.95kg

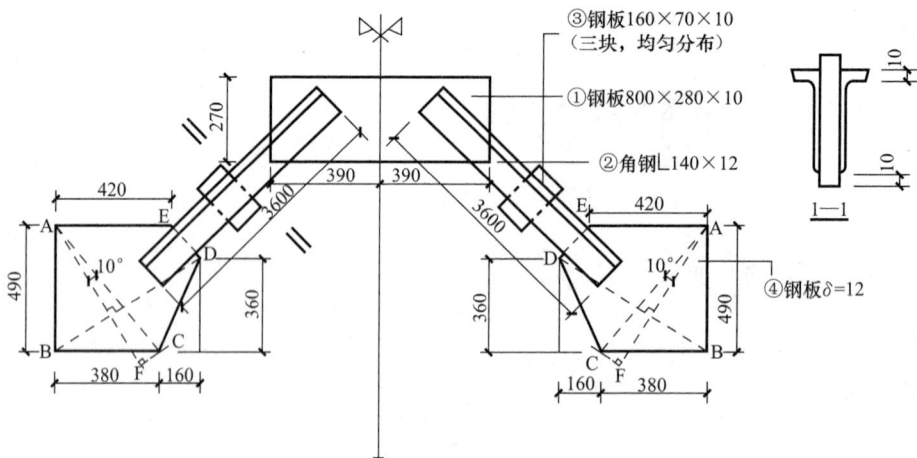

图 6-11 某工程钢支撑图 (单位：mm)

2) 钢板 (δ10)：0.8×0.28×78.5=17.58kg

3) 钢板 (δ10)：0.16×0.07×3×2×78.5=5.28kg

4) 钢板 (δ12)：(0.16+0.38)×0.49×2×94.2=49.85kg

5) 工程量合计：440.66kg=0.441t

（2）钢支撑

1) 钢屋架支撑制作安装：

① 人工费：165.19×0.441=72.85 元

② 材料费：4716.47×0.441=2079.96 元

③ 机械费：181.84×0.441=80.19 元

2) 钢支撑刷一遍防锈漆：

① 人工费：26.34×0.441=11.62 元

② 材料费：69.11×0.441=30.48 元

③ 机械费：2.86×0.441=1.26 元

3) 钢屋架支撑刷二遍防火漆：

① 人工费：49.23×0.441=21.71 元

② 材料费：133.64×0.441=58.94 元

③ 机械费：5.59×0.441=2.47 元

4) 钢屋架支撑刷防火漆刷一遍：

① 人工费：25.48×0.441=11.24 元

② 材料费：67.71×0.441=29.86 元

③ 机械费：2.85×0.441=1.26 元

（3）综合

① 直接费合计：2401.84 元

② 管理费：2401.84×34％=816.63 元

③ 利润：2401.84×8％=192.15 元

④ 总计：2401.84+816.63+192.15=3410.62 元

⑤ 综合单价：3410.62÷0.441＝7733.83 元

分部分项工程和单价措施项目清单与计价表见表 6-13，综合单价分析表见表 6-14。

分部分项工程和单价措施项目清单与计价表　　　　　　　　　　　表 6-13

工程名称：某钢支撑工程　　　　　　　　　　标段：　　　　　　　　　　第　页 共　页

序号	项目编号	项目名称	项目特征描述	计量单位	工程量	金额/元	
						综合单价	合价
1	010606001001	钢支撑、钢拉条	1. 钢材品种，规格：角钢∟140×12 2. 防火要求：刷一遍防锈漆、防火漆	t	0.441	7733.83	3410.62
			合计				3410.62

综合单价分析表　　　　　　　　　　　　　表 6-14

工程名称：某钢支撑工程　　　　　　　　　　标段：　　　　　　　　　　第　页 共　页

项目编码	010606001001	项目名称	钢支撑、钢拉条	计量单位	t	工程量	0.441

清单综合单价组成明细

定额编号	定额名称	定额单位	数量	单价/元				合价/元			
				人工费	材料费	机械费	管理费和利润	人工费	材料费	机械费	管理费和利润
—	钢屋架支撑制作安装	t	1	165.19	4716.47	181.84	2126.67	165.19	4716.47	181.84	2126.67
—	钢支撑刷一遍防锈漆	t	1	26.34	69.11	2.86	41.29	26.34	69.11	2.86	41.29
—	钢屋架支撑刷两遍防火漆	t	1	49.23	133.64	5.59	79.15	49.23	133.64	5.59	79.15
—	钢屋架支撑刷防火漆，减一遍	t	1	25.48	67.71	2.85	40.34	25.48	67.71	2.85	40.34
人工单价		小计						266.24	4986.93	193.14	2287.45
22.47 元/工日		未计价材料费						—			
	清单项目综合单价							7733.83			

7 木结构工程手工算量与实例精析

7.1 木结构工程工程量手算方法

7.1.1 木屋架工程量

1. 木屋架

（1）计算公式

$$木屋架工程量＝木屋架体积$$

（2）清单工程量计算规则及说明

1）木屋架工程量按设计图示数量计算，或按设计图示的规格尺寸以体积计算。

2）木屋架的跨度应以上、下弦中心线两交点之间的距离计算。

3）带气楼的木屋架和马尾、折角以及正交部分的半屋架，按相关屋架相目编码列项。

4）以榀计量，按标准图设计的应注明标准图代号，按非标准图设计的项目特征必须按"木屋架"要求予以描述。

（3）定额工程量计算规则及说明

1）木屋架制作安装均按设计断面竣工木料以体积计算，其后备长度及配制损耗均不另外计算。

2）方木屋架一面刨光时增加 3mm，两面刨光时增加 5mm，圆木屋架按屋架刨光时木材体积每 m^3 增加 $0.05m^3$ 计算。附属于屋架的夹板、垫木等已并入相应的屋架制作项目中，不另计算；与屋架连接的挑檐木、支撑等，其工程量并入屋架竣工木料体积内计算。

3）屋架的制作安装应区别不同跨度，其跨度应以屋架上下弦杆的中心线交点之间的长度为准。带气楼的屋架并入所依附屋架的体积内计算。

4）屋架的马尾、折角和正交部分半屋架，应并入相连接屋架的体积内计算。

2. 钢木屋架

（1）计算公式

$$钢木屋架工程量＝图示数量$$

（2）清单工程量计算规则及说明

钢木屋架工程量按设计图示数量计算。

"钢木屋架"主要指各种方木、圆木的钢木组合屋架，其下弦等拉杆为钢材，其他受压杆件为木材。

1）屋架的跨度应以上、下弦中心线两点之间的距离计算。

2）带气楼的屋架和马尾、拆角以及正交部分的半屋架，应按相关屋架项目编码例项。

3）屋架杆件材积应在项目特征中写清。圆木屋架杆件材积根据杆件长度查"原木材积表"即可求得；方木屋架杆件材积用杆件长度乘以杆件断面积计算。

4）木屋架杆件长度杆件长度根据屋架跨度乘以杆件长度系数计算。即：

$$杆件长度 = 屋架跨度（L）× 杆件长度系数$$

屋架杆件长度系数表见表 7-1。

屋架形式								
角度	26°34′	30°	26°34′	30°	26°34′	30°	26°34′	30°
杆件编号 1	1	1	1	1	1	1	1	1
2	0.559	0.577	0.559	0.577	0.559	0.577	0.559	0.577
3	0.250	0.289	0.250	0.289	0.250	0.289	0.250	0.289
4	0.280	0.289	0.236	0.254	0.225	0.250	0.224	0.252
5	0.125	0.144	0.167	0.192	0.188	0.217	0.200	0.231
6	—	—	0.186	0.192	0.177	0.191	0.180	0.200
7	—	—	0.083	0.096	0.125	0.144	0.150	0.173
8	—	—	—	—	0.140	0.144	0.141	0.153
9	—	—	—	—	0.063	0.072	0.100	0.116
10	—	—	—	—	—	—	0.112	0.115
11	—	—	—	—	—	—	0.050	0.057

（3）定额工程量计算规则及说明

1）钢木屋架区分圆、方木，按竣工木料以体积计算。

2）屋架的制作安装应区别不同跨度，其跨度应以屋架上下弦杆的中心线交点之间的长度为准。带气楼的屋架并入所依附屋架的体积内计算。

3）屋架的马尾、折角和正交部分半屋架，应并入相连接屋架的体积内计算。

7.1.2　木构件工程量

1. 木柱、木梁

（1）计算公式

$$木柱、木梁工程量 = 木柱、木梁体积$$

（2）清单工程量计算规则及说明

木柱、木梁的工程量按设计图示尺寸以体积计算。"木柱、木梁"适用于建筑物各部位的柱、梁。

（3）定额工程量计算规则及说明

木柱、木梁的工程量按竣工木料以体积计算。

2. 木檩条

（1）计算公式

1）方形木檩条：

$$V_i = a_i b_i l_i \quad (i = 1,2,3,\cdots)$$

$$V = \Sigma V_i$$

式中 V_i——第 i 根檩木的体积；

  $a_i b_i$——第 i 根檩木的计算断面的双向尺寸；

  l_i——第 i 根檩木的计算长度，如无规定时，按轴线中距，每跨增加 20cm。

2）圆形木檩条：

$$V_i = \frac{\pi(d_{1i}^2 + d_{2i}^2)}{8} l_i$$

$$V = \Sigma V_i$$

式中 l_i——第 i 根檩木的计算长度，如无规定时，按轴线中距，每跨增加 20cm；

  d_{1i}，d_{2i}——分别表示圆木大小头的直径。

（2）清单工程量计算规则及说明

木檩条的工程量按设计图示尺寸以体积计算，或按设计图示尺寸以长度计算。

（3）定额工程量计算规则及说明

木柱、木梁的工程量按竣工木料以体积计算。

檩木按竣工木料以体积计算。简支檩条长度按设计规定计算，如设计无规定者，按屋架或山墙中距增加 20cm 计算，如两端出山，檩条长度算至博风板；连续檩条的长度按设计长度计算，其接头长度按全部连续檩木总体积的 5% 计算。檩条托木已计入相应的檩木制作项目中，不另计算。

3. 木楼梯

（1）计算公式

$$木楼梯工程量＝水平投影面积$$

（2）工程量计算规则

木楼梯按水平投影面积计算，不扣除宽度小于等于 300mm 的楼梯井，其踢脚板、平台和伸入墙内部分，不另计算。

7.1.3 屋面木基层工程量

（1）计算公式

$$木基层工程量＝基层斜面积$$

（2）工程量计算规则

屋面木基层，按屋面的斜面积计算。不扣除房上烟囱、风帽底座、风道、小气窗、斜沟等所占面积。小气窗的出檐部分不增加面积。

7.2 木结构工程工程量手算实例解析

【例 7-1】 某厂房，方木屋架如图 7-1 所示，共 4 榀，现场制作，不刨光，拉杆为 φ10 的圆钢，铁件刷防锈漆一遍，轮胎式起重机安装，安装高度 6m。试计算该工程方木屋架工程量。

【解】

（1）下弦杆

$$V_1 = 0.15 \times 0.18 \times 6.6 \times 4$$
$$= 0.713 m^3$$

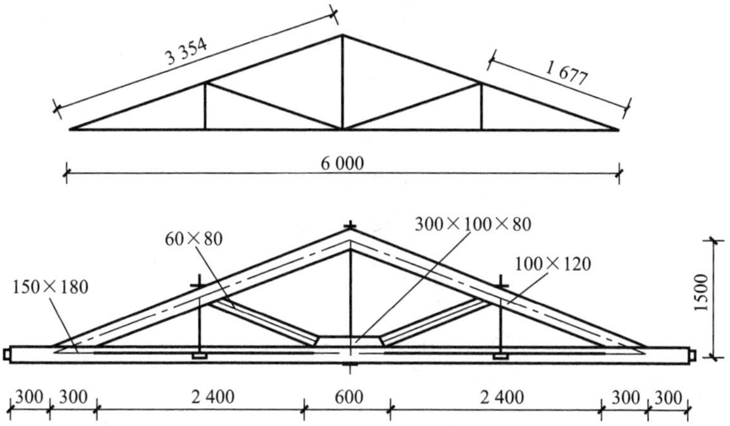

图 7-1 方木屋架示意图（单位：mm）

（2）上弦杆

$V_2 = 0.10 \times 0.12 \times 3.354 \times 2 \times 4$

$= 0.322 \text{m}^3$

（3）斜撑

$V_3 = 0.06 \times 0.08 \times 1.677 \times 2 \times 4$

$= 0.064 \text{m}^3$

（4）元宝垫木

$V_4 = 0.30 \times 0.10 \times 0.08 \times 4$

$= 0.010 \text{m}^3$

（5）方木屋架工程量

$V = V_1 + V_2 + V_3 + V_4$

$= 0.713 + 0.322 + 0.064$

$+ 0.010$

$= 1.11 \text{m}^3$

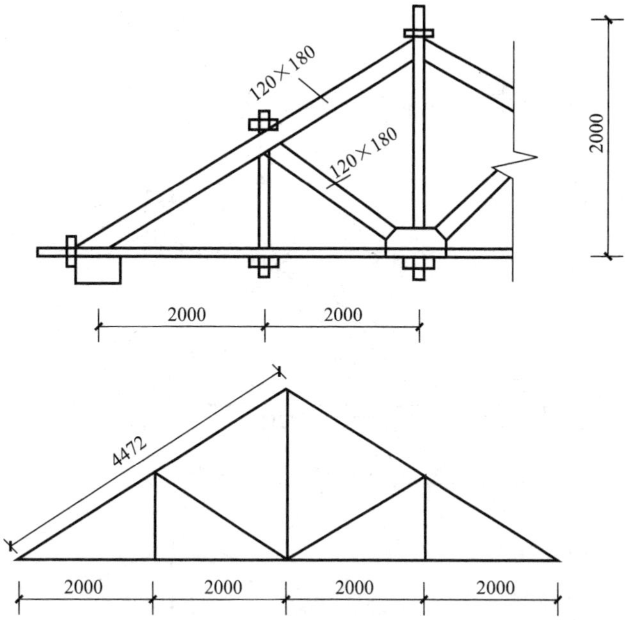

图 7-2 某钢木屋架示意图（单位：mm）

【例 7-2】 某钢木屋架尺寸如图 7-2 所示，上弦、斜撑采用木材，下弦、中柱采用钢材，跨度 8m，共 10 榀，屋架刷调合漆两遍，试计算钢木屋架工程量。

【解】

（1）清单工程量计算

钢木屋架：10 榀

（2）消耗量定额工程量

1）上弦工程量：

$$4.472 \times 0.12 \times 0.18 \times 2$$

$$= 0.19 \text{m}^3$$

2）斜撑工程量：

$$\sqrt{2.0^2 + \left(\frac{2.0}{2}\right)^2} \times 0.12 \times 0.18 \times 2$$

$$= 0.10 \text{m}^3$$

合计：

$$0.19 + 0.10 = 0.29 \text{m}^3$$

【例 7-3】 如图 7-3 所示，求方木钢屋架工程量。

【解】

（1）上弦工程量

$$V_1 = 7.937 \times 0.12 \times 0.18 \times 2 = 0.34 \text{m}^3$$

（2）斜撑工程量

$$V_2 = 2.236 \times 0.1 \times 0.08 \times 2 + 2.828 \times 0.1 \times 0.12 \times 2$$

$$= 0.10 \text{m}^3$$

（3）方木钢屋架合计

$$V = V_1 + V_2 = 0.34 + 0.10$$

$$= 0.44 \text{m}^3$$

【例 7-4】 如图 7-4 所示，试计算木楼梯（一层）工程量。

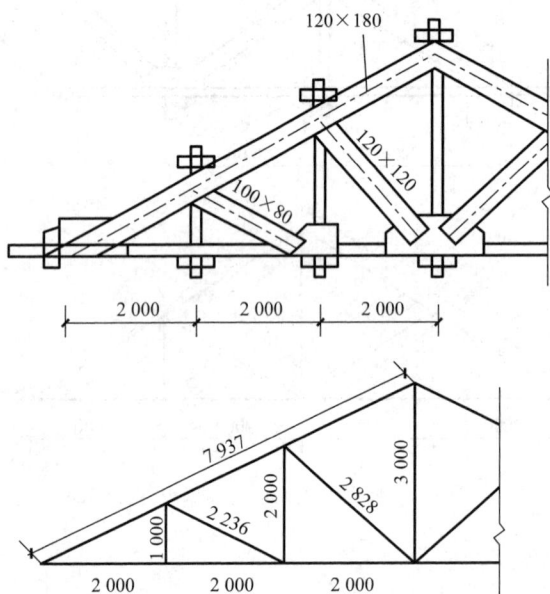

图 7-3　方木钢屋架示意图

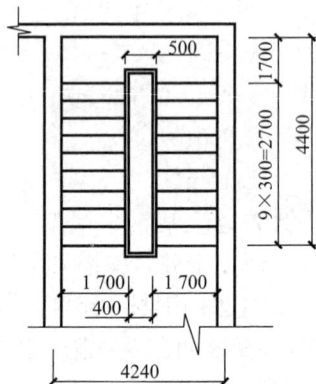

图 7-4　木楼梯示意图

【解】

木楼梯制安工程量

$$4.4 \times 4 = 17.6 \text{m}^2$$

【例 7-5】 如图 7-5 所示为木基层示意图，根据图示尺寸，计算其工程量（$C = 1.25$）。

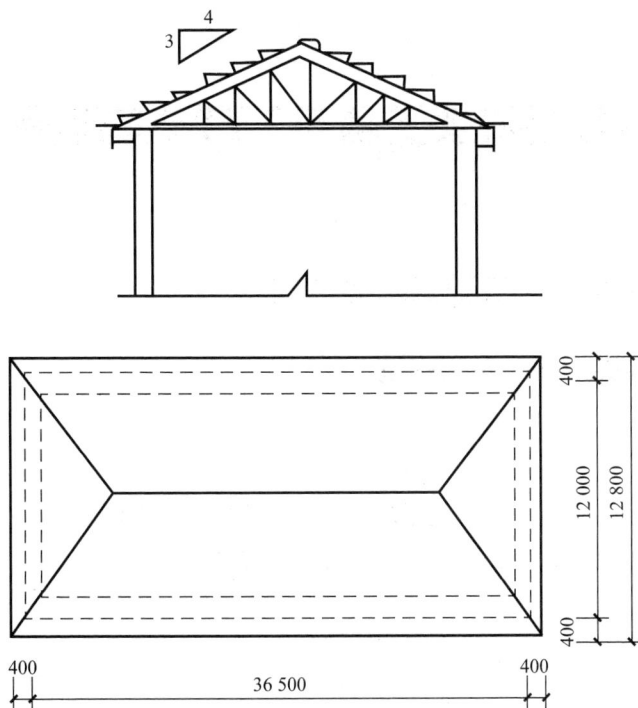

图 7-5 木基层示意图

【解】

$S = S_\Psi \times$ 延迟系数 C

$= (36.5 + 0.4 \times 2) \times (12 + 0.4 \times 2) \times 1.25$

$= 596.8 \text{m}^2$

8 屋面及防水工程手工算量与实例精析

8.1 屋面及防水工程工程量手算方法

8.1.1 瓦、型材及其他屋面工程量

1. 瓦屋面

(1) 计算公式

$$瓦屋面工程量＝图示水平投影面积×屋面延尺系数$$

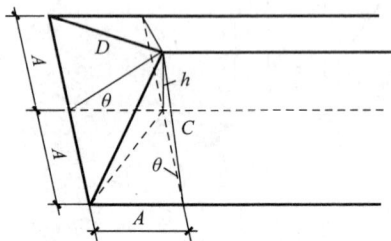

图 8-1 瓦屋面计算示意图

延迟系数的含义：在计算工程量时，将屋面或木基层的水平面积换算为斜面积或把水平投影长度换算为斜长的系数。

由图 8-1 可以看出，C、A 与 θ 有如下关系：

$$C = \frac{A}{\cos\theta}$$

当 $A＝1$ 时

$$C = \frac{1}{\cos\theta}$$

式中 C——延尺系数，或叫坡水系数；

D——隅延尺系数，$D = \sqrt{A^2 + C^2}$。

当 $A＝1$ 时

$$D = \sqrt{1 + C^2}$$

(2) 工程量计算规则

按图示尺寸的水平投影面积乘以屋面延尺系数（表 8-1），以平方米计算。不扣除房上烟囱、风帽底座、风道、屋面小气窗和斜沟等所占面积。而屋面小气窗出檐与屋面重叠部分的面积亦不增加。但天窗出檐部分重叠的面积应并入相应屋面工程量内计算。琉璃瓦檐口线及瓦脊以延长米计算。

屋面坡度系数 表 8-1

坡度 B（$A=1$）	坡度 $B/2A$	坡度角度 α	延迟系数（$A=1$）	隅延迟系数（$A=1$）
1	1/2	45°	1.4142	1.7321
0.75	—	36°52′	1.2500	1.6008
0.70	—	35°	1.2207	1.5779
0.666	1/3	33°40′	1.2015	1.5620
0.65	—	33°01′	1.1926	1.5564
0.60	—	30°58′	1.1662	1.5362
0.577	—	30°	1.1547	1.5270
0.55	—	28°49′	1.1413	1.5170
0.50	1/4	26°34′	1.1180	1.5000

坡度 B（A=1）	坡度 B/2A	坡度角度 α	延迟系数（A=1）	隔延迟系数（A=1）
0.45	—	24°14′	1.0966	1.4839
0.40	1/5	21°48′	1.0770	1.4697
0.35	—	19°17′	1.0594	1.4569
0.30	—	16°42′	1.0440	1.4457
0.25	—	14°02′	1.0308	1.4362
0.20	1/10	11°19′	1.0198	1.4283
0.15	—	8°32′	1.0112	1.4221
0.125	—	7°8′	1.0078	1.4191
0.10	1/20	5°42′	1.0050	1.4177
0.083	—	4°45′	1.0035	1.4166
0.066	1/30	3°49′	1.0022	1.4157

注：1. 两坡排水屋面面积为屋面水平投影面积乘以延迟系数 C。

2. 四坡排水屋面斜脊长度=$A \times D$（当 $S=A$ 时）。

3. 沿山墙泛水长度=$A \times C$。

2. 卷材屋面

（1）计算公式

$$S = S_投 \times C + \Sigma(0.25L_1 + 0.5L_2)(m^2)$$

式中　$S_投$——屋面水平投影面积（m^2）；

　　　C——屋面延尺系数；

　　　L_1——女儿墙弯起部分长度（m）；

　　　L_2——天窗弯起部分长度（m）。

（2）工程量计算规则

按图示尺寸的水平投影面积乘以屋面延尺系数，以平方米计算。不扣除房上烟囱、风帽底座、风道、斜沟等所占面积。平屋面的女儿墙、天沟和天窗等处弯起部分和天窗出檐部分重叠的面积应按图示尺寸，并入相应屋面工程量内计算。如图纸无规定时，伸缩缝、女儿墙的弯起部分可按 25cm 计算，天窗弯起部分可按 50cm 计算，但各部分的附加层已包括在项目内，不再另计。

3. 平屋面

（1）计算公式

$$S = S_{投影} \times C$$

式中 $S_{投影}$——图示尺寸的水平投影面积（m^2）；

　　　C——延尺系数。

（2）工程量计算规则

按图示尺寸的水平投影面积乘以屋面延尺系数，以平方米计算，不扣除房上烟囱、风帽底座、风道斜沟等所占面积。

4. 坡屋面

（1）计算公式

两坡水屋面的实际面积=屋面水平投影面积×两坡水斜常系数

四坡水屋面的实际面积=水平投影宽度的一半×四坡水斜长系数

（2）工程量计算规则

按图 8-2 所示尺寸的水平投影面积乘以屋面延尺系数，以平方米计算。不扣除房上烟囱、风帽底座、风道、屋面小气窗和斜沟等所占面积，而屋面小气窗出檐与屋面重叠部分的面积亦不增加，但天窗出檐部分重叠的面积应并入相应屋面工程量内计算。琉璃瓦檐口线及瓦脊以延长米计算。

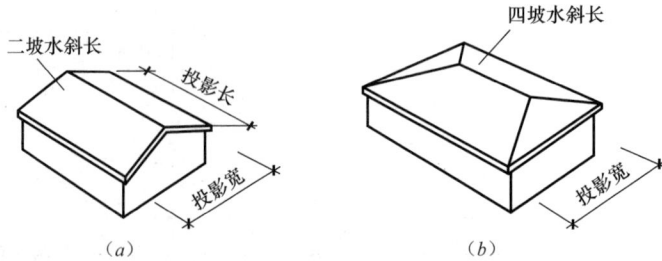

图 8-2 坡屋面面积

8.1.2 建筑结构防水工程量

1. 屋面保温层

（1）计算公式

$$V = S \times H(\mathrm{m}^3)$$

式中 S——所需铺保温层的屋面面积（m^2）；

H——所铺保温层的厚度（m）。

（2）工程量计算规则

保温隔热层应区别不同保温隔热材料，均按设计实铺厚度以立方米计算，另有规定者除外。

墙体隔热层，均按墙中心线长乘以图示尺寸高度及厚度以立方米计算。应扣除门窗洞口和 $0.3\mathrm{m}^2$ 以上洞口所占体积。

软木、泡沫塑料板铺贴在混凝土板下，按图示长、宽、厚的乘积，以立方米计算。

聚苯乙烯泡沫板附墙铺贴（胶浆粘结）、混凝土板下粘贴（无龙骨胶浆粘结）项目，按图示尺寸以平方米计算，扣除门窗洞口和 $0.3\mathrm{m}^2$ 以上孔洞所占面积。

2. 屋面找平层

（1）计算公式

挑檐面积 $= L_{外} \times$ 檐宽 $+ 4 \times$ 檐宽^2（m^2）

栏板立面面积 $=(L_{外} + 8 \times$ 檐宽$) \times$ 栏板高（m^2）

$S = $ 屋顶建筑面积(不含挑檐面积) $+$ 挑檐面积 $+$ 栏板立面面积（m^2）

式中 $L_{外}$——外墙外边线长。

（2）工程量计算规则

找平层按主墙间净面积计算。应扣除凸出地面的构筑物、设备基础及室内铁道等所占的面积（不需作面层的地沟盖板所占的面积亦应扣除），不扣除柱、垛、间壁墙、附墙烟囱及 $0.3\mathrm{m}^2$ 以内孔洞所占的面积，但门洞、空圈和暖气包槽、壁龛的开口部分亦不增加。

3. 屋面找坡层

（1）计算公式

$$V = 屋顶建筑面积 \times 找平层平均厚度$$

$$= 屋顶建筑面积 \times \left[最薄处厚度 + \frac{1}{2}(找坡长度 \times 坡度系数) \right] (m^3)$$

式中　最薄处厚度——按施工图规定；

　　　找坡长度——两面找坡时即为铺宽的一半；

　　　坡度系数——按施工图规定。

（2）工程量计算规则

找坡层应区别不同保温隔热材料，均按设计实铺厚度以立方米计算，另有规定者除外。

4. 屋面排水水落管

（1）计算公式

$$S = [0.4 \times (H + H_差 - 0.2) + 0.85] \times 道数 (m^2)$$

式中　H——房屋檐高（m）；

　　　$H_差$——室内外高差（m）；

　　　0.2——出水口到室外地坪距离及水斗高度（m）；

　　　0.85——规定水斗和下水口的展开面积（m²）。

（2）工程量计算规则

铁皮排水管按表 8-2 规定以展开面积计算。

铁皮排水管展开面积计算　　　　　　　　　　　　　表 8-2

名　称	单　位	折算（m²）	名　称	单　位	折算（m²）
圆形水落管	m	0.32	斜沟、天窗窗台泛水	m	0.50
方形水落管	m	0.40	天窗侧面泛水	m	0.70
檐沟	m	0.30	烟囱泛水	m	0.80
水斗	个	0.40	通风管泛水	m	0.22
漏斗	个	0.16	檐头泛水	m	0.24
下水口	个	0.45	滴水	m	0.11
天沟	m	1.30			

8.2　屋面及防水工程工程量手算参考公式

8.2.1　瓦屋面材料用量计算

各种瓦屋面的瓦及砂浆用量计算方法如下：

$$100 m^2 屋面瓦耗用量 = \frac{100}{瓦有效长度 \times 瓦有效宽度} \times (1 + 损耗率)$$

$$每 100^2 屋面脊瓦耗用量 = 11(9) \frac{11(9)}{脊瓦长度 - 搭接长度} \times (1 + 损耗率)$$

（每 100m² 屋面面积屋脊摊入长度：水泥瓦黏土瓦为 11m，石棉瓦为 9m。）

每 100m² 屋面瓦出线抹灰量（m³）＝抹灰宽×抹灰厚×每 100m² 屋面摊入抹灰长度

$$\times（1＋损耗率）$$

（每 100m² 屋面面积摊入长度为 4m。）

$$脊瓦填缝砂浆用量（m³）＝\frac{脊瓦内圆面积×70\%}{2}×每 100m² 瓦屋面取定的屋脊长×$$

（1－砂浆孔隙率)×(1＋损耗率）

脊瓦用的砂浆量按脊瓦半圆体积的 70％计算；梢头抹灰宽度按 120mm，砂浆厚度按 30mm 计算；铺瓦条间距 300mm。

瓦的选用规格、搭接长度及综合脊瓦，梢头抹灰长度见表 8-3。

瓦的选用规格、搭接长度及综合脊瓦，梢头抹灰长度　　　表 8-3

项　目	规格（mm）		搭接（mm）		有效尺寸（mm）		每 100m² 屋面摊入	
	长	宽	长向	宽向	长	宽	脊长	稍头长
黏土瓦	380	240	80	33	300	207	7690	5860
小青瓦	200	145	133	182	67	190	11000	9600
小波石棉瓦	1820	720	150	62.5	1670	657.5	9000	—
大波石棉瓦	2800	994	150	165.7	2650	828.3	9000	—
黏土脊瓦	455	195	55	—	—	—	11000	
小波石棉脊瓦	780	180	200	1.5 波	—	—	11000	
大波石棉脊瓦	850	460	200	1.5 波	—	—	11000	

8.2.2　卷材屋面材量用量计算

每 100m² 屋面卷材用量（m²）

$$=\frac{100}{(卷材宽－横向搭接宽)×(卷材长－顺向搭接宽)×每卷卷材面积×(1＋耗损率)}$$

（1）卷材屋面的油毡搭接长度见表 8-4。

卷材屋面的油毡搭接长度　　　表 8-4

项　目		单　位	规范规定		定额取定	备注
			平顶	坡顶		
隔气层	长向	mm	50	50	70	油毡规格为 21.86m×0.915m
	短向	mm	50	50	100	每卷卷材按 2 个接头
防水层	长向	mm	70	70	70	—
	短向	mm	100	150	100	(100×0.7＋150×0.3) 按 2 个接头

注：定额取定为搭接长向 70mm，短向 100mm，附加层计算 10.30m²。

（2）一般各部位附加层见表 8-5。

每 100m² 卷材屋面附加层含量　　　表 8-5

部　位		单　位	平檐口	檐口沟	天沟	檐口天沟	屋脊	大板端缝	过屋脊	沿墙
附加层	长度	mm	780	5340	730	6640	2850	6670	2850	6000
	宽度	mm	450	450	800	500	450	300	200	650

（3）卷材铺油厚度见表8-6。

项 目	底 层	中 层	面 层	
			面层	带砂
规范规定	1～1.5 不大于2mm			2～4
定额取定	1.4	1.3	2.5	3

8.2.3 屋面保温找坡层平均折算厚度

屋面保温找坡层平均折算厚度见表8-7。

类别 坡度 跨度（mm）	双坡屋面							单坡屋面						
	$\frac{1}{10}$	$\frac{1}{12}$	$\frac{1}{33.3}$	$\frac{1}{40}$	$\frac{1}{50}$	$\frac{1}{67}$	$\frac{1}{100}$	$\frac{1}{10}$	$\frac{1}{12}$	$\frac{1}{33.3}$	$\frac{1}{40}$	$\frac{1}{50}$	$\frac{1}{67}$	$\frac{1}{100}$
	10%	8.3%	3.0%	2.5%	2%	1.5%	1%	10%	8.3%	3.0%	2.5%	2%	1.5%	1%
4	0.100	0.083	0.030	0.025	0.020	0.015	0.010	0.200	0.167	0.060	0.050	0.040	0.030	0.020
5	0.125	0.104	0.038	0.031	0.025	0.019	0.013	0.250	0.208	0.075	0.063	0.050	0.038	0.025
6	0.150	0.125	0.045	0.038	0.030	0.023	0.015	0.300	0.250	0.090	0.075	0.060	0.045	0.030
7	0.175	0.146	0.053	0.044	0.035	0.026	0.018	0.350	0.292	0.105	0.088	0.070	0.053	0.035
8	0.200	0.167	0.060	0.050	0.040	0.030	0.020	0.400	0.333	0.120	0.100	0.080	0.060	0.040
9	0.225	0.187	0.068	0.056	0.045	0.034	0.023	0.450	0.375	0.135	0.113	0.090	0.068	0.045
10	0.250	0.208	0.075	0.063	0.050	0.038	0.025	0.500	0.417	0.150	0.125	0.100	0.075	0.050
11	0.275	0.229	0.083	0.069	0.055	0.041	0.028	0.550	0.458	0.165	0.138	0.110	0.083	0.055
12	0.300	0.250	0.090	0.075	0.060	0.045	0.030	0.600	0.500	0.180	0.150	0.120	0.090	0.060
13	0.325	0.271	0.098	0.081	0.065	0.049	0.033	—	—	0.195	0.163	0.130	0.098	0.065
14	0.350	0.292	0.105	0.088	0.070	0.053	0.035	—	—	0.210	0.175	0.140	0.105	0.070
15	0.375	0.312	0.113	0.094	0.075	0.056	0.038	—	—	0.225	0.188	0.150	0.113	0.075
18	0.450	0.375	0.135	0.113	0.090	0.068	0.045	—	—	0.270	0.225	0.180	0.135	0.090
21	0.525	0.437	0.158	0.131	0.105	0.079	0.053	—	—	0.315	0.263	0.210	0.158	0.105
24	0.600	0.500	0.180	0.150	0.120	0.090	0.060	—	—	0.360	0.300	0.240	0.180	0.120

找坡层计算厚度＝$H+h'$

H——为最薄处厚度

h'——为找坡层平均折算厚度，$h'=\dfrac{h}{2}$

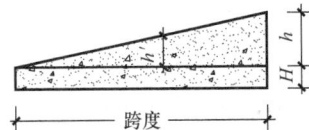

注：双坡屋面找坡层平均折算厚度（h'）＝跨度×坡度/4。
    单坡屋面找坡层平均折算厚度（h'）＝跨度×坡度/2。

8.3 屋面及防水工程工程量手算实例解析

【例8-1】已知图8-3中的$L_{外1}$＝55000mm，$L_{外2}$＝28000mm，女儿墙厚240mm，外墙厚365mm，屋面排水坡度2%，试计算其卷材平屋面工程量。

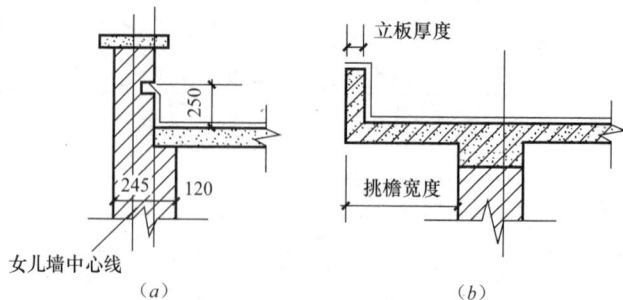

图 8-3 卷材防水示意图

(a) 女儿墙弯起部分；(b) 挑檐

【解】

卷材平屋面工程量：

$55 \times 28 - 0.24 \times [(55+28) \times 2 - 8 \times 0.12] + 0.25 \times [(55+28) \times 2 - 8 \times 0.24]$
$= 1541.41$（m²）

【例 8-2】 计算如图 8-4 所示卷材屋面工程量。女儿墙与楼梯间出屋面墙交接处，卷材弯起高度取 250mm。

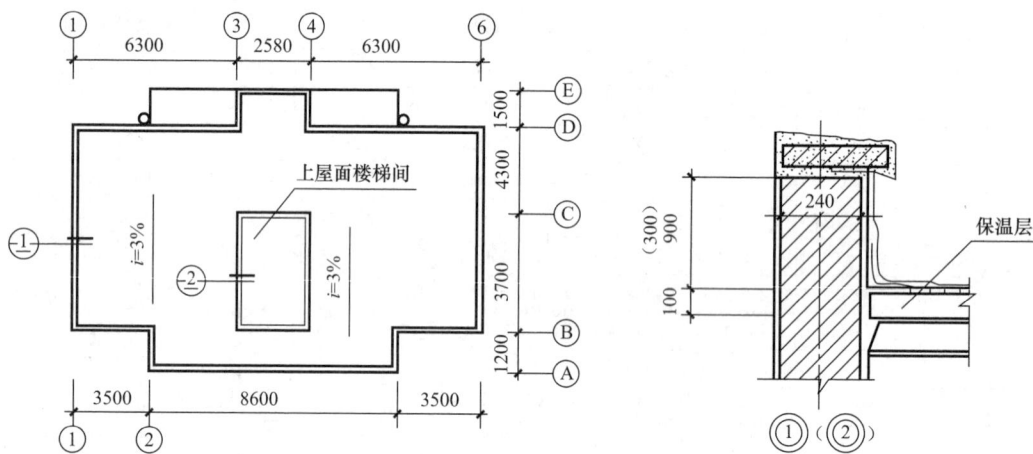

图 8-4 卷材屋面示意图

【解】

该屋面为平面屋（坡度小于 15°）。

(1) 水平投影面积：

$F_1 = (3.5 \times 2 + 8.6 - 0.24) \times (4.3 + 3.7 - 0.24) + (8.6 - 0.24) \times 1.2 + (2.58 - 0.24) \times 1.5$
$= 132.74\text{m}^2$

(2) 弯起部分面积：

$F_2 = [(14.94 + 7.76) \times 2 + 1.2 \times 2 + 1.5 \times 2] \times 0.25 + (4.3 + 0.24 + 2.58 + 0.24) \times 2$
$\times 0.25 + (4.3 - 0.24 + 2.58 - 0.24) \times 2 \times 0.25$
$= 19.58\text{m}^2$

（3）屋面卷材工程量：

$$F = F_1 + F_2 = 132.74 + 19.58 = 152.32m^2$$

【例 8-3】 如图 8-5 所示，计算带有天窗的瓦屋面工程量（屋面坡度系数 $C=1.118$）。

【解】

$[(36+0.24+0.19 \times 2) \times (10+0.24+0.19 \times 2)$

$+(22+0.32 \times 2) \times 0.32 \times 2+1 \times 0.32$

$\times 2] \times 1.118=451.71m^2$

【例 8-4】 如图 8-6 所示，求二面坡水（坡度 1/2 的黏土瓦屋面）屋面的工程量（其中，屋面坡度系数 $C=1.4142$）。

【解】

二面坡水屋面工程量：

$(6+1) \times (30+0.28) \times 1.4142$

$=299.75m^2$

【例 8-5】 根据图 8-7 所示尺寸，计算四坡水屋面工程量（其中，屋面坡度系数 $C=1.118$）。

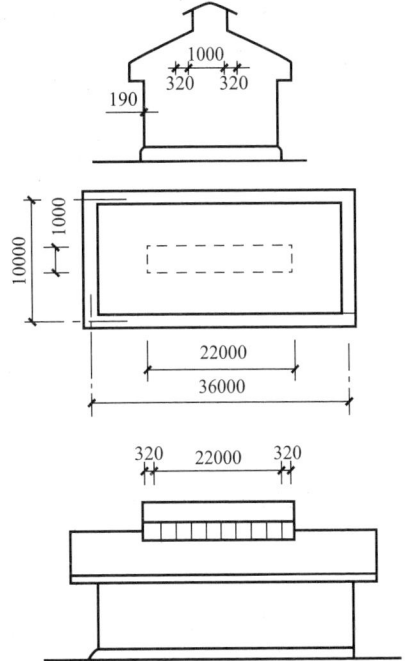

图 8-5 有天窗瓦屋面示意图

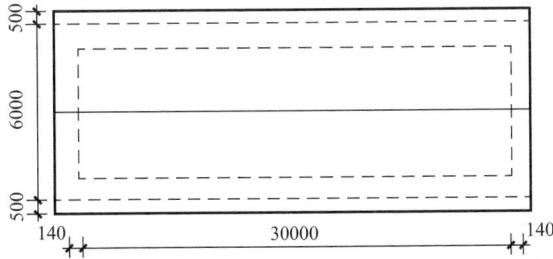

图 8-6 二坡水屋面示意图

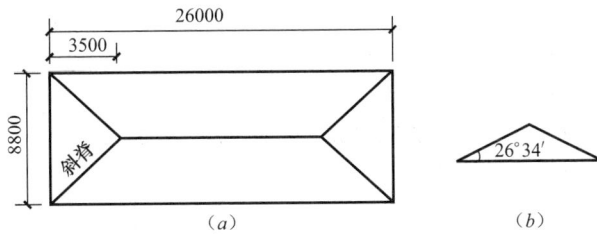

图 8-7 四坡水屋面示意图
（a）平面图；（b）立面图

【解】

$$S=水平面积 \times 坡度系数 C$$
$$=8.8 \times 26 \times 1.118$$
$$=255.80m^2$$

【例 8-6】 一屋面采用屋面刚性防水，如图 8-8 所示，计算其清单工程量。

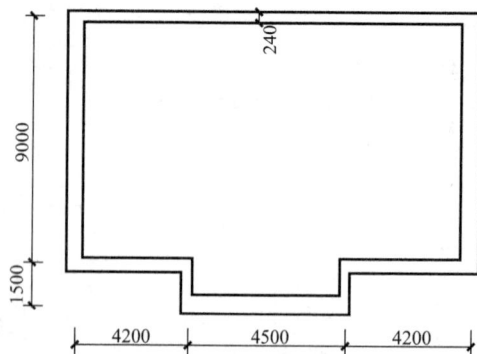

图 8-8　刚性防水屋面图

【解】

刚性防水屋面工程量：

$(4.2+4.5+4.2)\times9+1.5\times4.5$

$=122.85m^2$

【例 8-7】　如图 8-9 所示的沥青玻璃布卷材楼面防水，试计算其清单工程量。

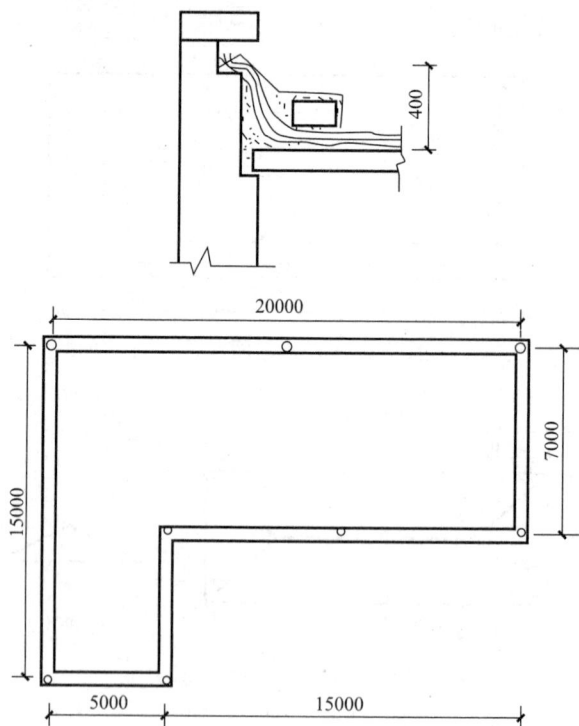

图 8-9　沥青玻璃布卷材楼面防水示意图

【解】

清单工程量：

$S=(15-0.24)\times(5-0.24)+15\times(7-0.24)+[(15-0.24)\times2+(20-0.24)\times2]\times0.4$

$=199.27m^2$

【例 8-8】 根据图 8-10 中尺寸，计算六坡水（正六边形）屋面的斜面面积（屋面坡度系数 $C=1.1547$）。

【解】

屋面斜面面积＝水平面积×延尺系数 C

$$=\frac{3.5}{2}\times\sqrt{3.5\times3^2}\times1.1547$$

$$=34.02\text{m}^2$$

【例 8-9】 某工程 SBS 改性沥青卷材防水屋面平面、剖面图如图 8-11 所示，其

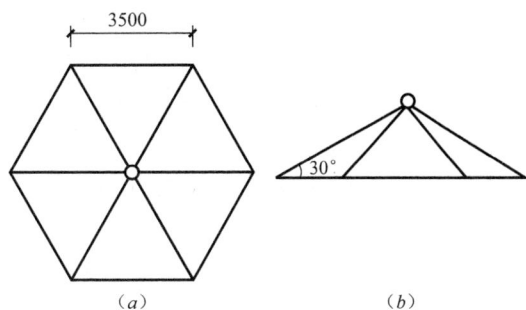

图 8-10　六坡水屋面示意图

(a) 平面；(b) 立面

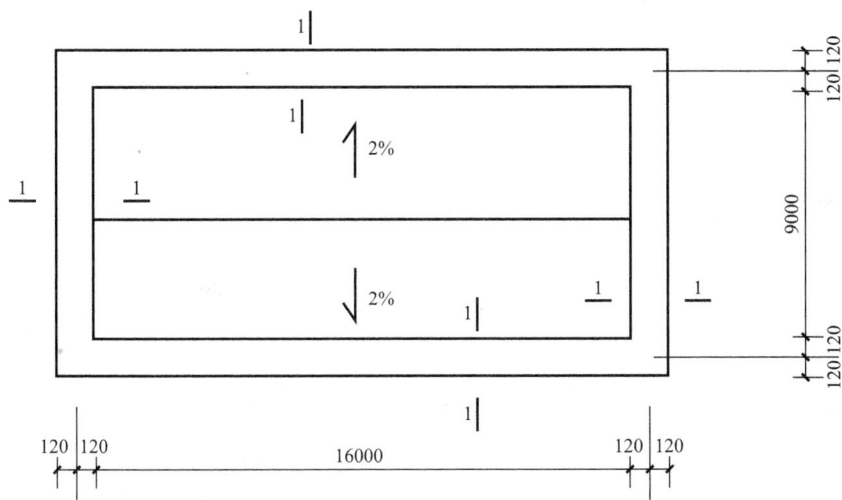

屋面平面图

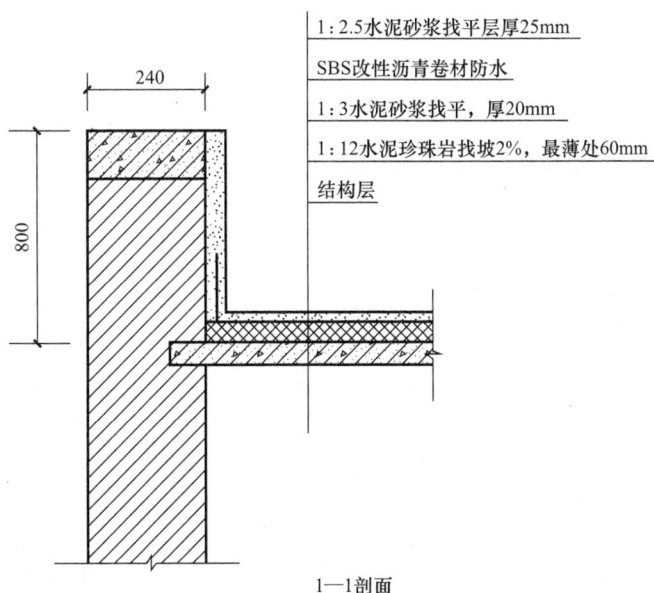

1：2.5水泥砂浆找平层厚25mm

SBS改性沥青卷材防水

1：3水泥砂浆找平，厚20mm

1：12水泥珍珠岩找坡2%，最薄处60mm

结构层

1—1剖面

图 8-11　屋面平面、剖面图（单位：mm）

自结构层由下向上的做法为：钢筋混凝土板上用1：12水泥珍珠岩找坡，坡度2%，最薄处60mm；保温隔热层上1：3水泥砂浆找平层反边高300mm，在找平层上刷冷底子油，加热烤铺，贴3mm厚SBS改性沥青防水卷材一道（反边高300mm），在防水卷材上抹1：2.5水泥砂浆找平层（反边高300mm）。不考虑嵌缝，砂浆以使用中砂为拌和料，女儿墙不计算，未列项目不补充。试列出该屋面找平层、保温及卷材防水分部分项工程量。

【解】

（1）屋面保温

$$S = 16 \times 9$$
$$= 144 \ (m^2)$$

（2）屋面卷材防水

$$S = 16 \times 9 + (16+9) \times 2 \times 0.3$$
$$= 159 \ (m^2)$$

（3）屋面找平层

$$S = 16 \times 9 + (16+9) \times 2 \times 0.3$$
$$= 159 \ (m^2)$$

【例8-10】 如图8-12所示编制地面防水（二毡三油）工程量清单综合单价及合价，未考虑找平层。

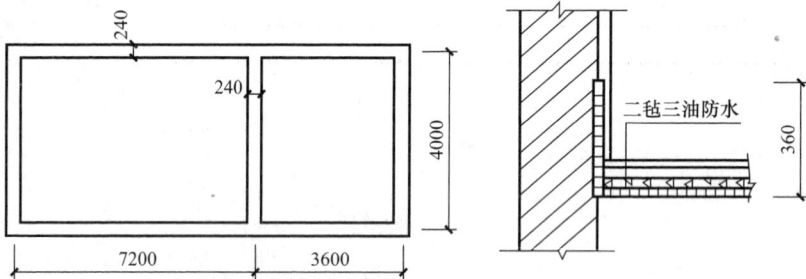

图8-12 地面防水示意图

【解】

（1）分部分项清单工程量

1）二毡三油平面：

$$S_1 = (7.2 - 0.24) \times (4.0 - 0.24) + (3.6 - 0.24) \times (4.0 - 0.24)$$
$$= 38.80 m^2$$

2）二毡三油立面：

$$S_2 = 0.36 \times [(7.2 + 3.6 - 0.48) \times 2 + (4.0 - 0.24) \times 4]$$
$$= 12.84 m^2$$

合计：$S = 38.80 + 12.84 = 51.64 m^2$

（2）消耗量定额工程量

$$S = 38.80 + 12.84 = 51.64 m^2$$

（3）平面二毡三油沥青油毡防水层

人工费：$17.38 \times 38.80 / 10 = 67.43$ 元

材料费：$151.25 \times 38.80/10 = 586.85$ 元

小计：654.28 元

（4）立面二毡三油沥青油毡防水层

人工费：$25.08 \times 12.84/10 = 32.20$ 元

材料费：$156.22 \times 12.84/10 = 200.59$ 元

小计：232.79 元

（5）综合

直接费合计：887.07 元

管理费：$887.07 \times 35\% = 310.47$ 元

利润：$887.07 \times 5\% = 44.35$ 元

合价：$887.07 + 310.47 + 44.35 = 1241.89$ 元

综合单价：$1241.89 \div 51.64 = 24.05$ 元

分部分项工程和单价措施项目清单与计价表、综合单价分析表见表8-8和表8-9。

部分项工程和单价措施项目清单与计价表 表8-8

工程名称：某建筑地面防水工程　　　　　标段：　　　　　第　页共　页

序号	项目编号	项目名称	项目特征描述	计量单位	工程量	金额/元	
						综合单价	合价
1	010904001001	地面卷材防水	1. 卷材品种：玻纤毡防水卷材 2. 防水层数：5层 3. 防水层做法：二毡三油	m²	51.64	24.05	1241.90
			合计				1241.90

综合单价分析表 表8-9

工程名称：某建筑地面防水工程　　　　　标段：　　　　　第　页共　页

项目编码	010904001001	项目名称	地面卷材防水	计量单位	m²	工程量	51.64

综合单价组成明细

定额编号	定额名称	定额单位	数量	单价/元				合价/元			
				人工费	材料费	机械费	管理费和利润	人工费	材料费	机械费	管理费和利润
6-2-14	平面二毡三油沥青油毡防水层	10m²	0.075	17.38	151.25	—	67.45	1.30	11.34	—	5.06
6-2-15	立面二毡三油沥青油毡防水层	10m²	0.025	25.08	156.22	—	72.52	0.63	3.91	—	1.81
人工单价		小计						1.93	15.25	—	6.87
28元/工日		未计价材料费						—			
清单项目综合单价								24.05			

9 保温、隔热、防腐工程手工算量与实例精析

9.1 保温、隔热、防腐工程工程量手算方法

9.1.1 保温、隔热工程量

1. 保温隔热屋面

（1）计算公式

$$屋面保温层＝保温层长度×宽度－孔洞及占位面积$$

（2）工程量计算规则

按设计图示尺寸以面积计算，扣除面积＞0.3m² 孔洞及占位面积。

2. 保温隔热天棚

（1）计算公式

$$天棚保温层＝保温层长度×宽度－柱、垛、孔洞面积＋天棚连接梁面积$$

（2）工程量计算规则

按设计图示尺寸以面积计算，扣除面积＞0.3m² 上柱、垛、孔洞所占面积，与天棚相连的梁按展开面积，计算并入天棚工程量。

3. 保温隔热墙面

（1）计算公式

墙面保温层＝保温层长度×高度－门窗洞口及孔洞面积＋门窗洞口侧壁增加面积

（2）工程量计算规则

按设计图示尺寸以面积计算，扣除门窗洞口以及面积＞0.3m² 梁、孔洞所占面积；门窗洞口侧壁以及与墙相连的柱，并入保温墙体工程量内。

4. 保温柱、梁

（1）计算公式

$$柱保温层＝保温层长度×高度－梁面积$$
$$梁保温层＝保温层长度×高度$$

（2）工程量计算规则

按设计图示尺寸以面积计算。

1）柱工程量按设计图示柱断面保温层中心线展开长度乘保温层高度以面积计算，扣除面积＞0.3m² 梁所占面积。

2）梁工程量按设计图示梁断面保温层中心线展开长度乘保温层长度以面积计算。

5. 保温隔热楼地面

（1）计算公式

$$楼地面保温层＝保温层长度×宽度－柱、垛、孔洞面积$$

（2）工程量计算规则

保温隔热楼地面工程量按设计图示尺寸以面积计算。扣除面积＞0.3m² 柱、垛、孔洞所占面积。门洞、空圈、暖气包槽、壁龛的开口部分不增加面积。

9.1.2 防腐面层工程量

1. 计算公式

防腐面层工程量＝图示净空面积－凸出地面物所占面积＋踏脚板实铺面积

2. 工程量计算规则

防腐面层工程量按设计图示尺寸以面积计算。

（1）平面防腐

扣除凸出地面的构筑物、设备基础等以及面积＞0.3m² 孔洞、柱、垛所占面积。

（2）立面防腐

扣除门、窗、洞口以及面积＞0.3m² 孔洞、梁所占面积，门、窗、洞口侧壁、垛突出部分按展开面积并入墙面积内。

9.1.3 其他防腐工程量

1. 隔离层、防腐涂料

（1）计算公式

隔离层、防腐涂料工程量＝图示墙体间净空面积－凸出地面物所占面积
＋踏脚板实铺面积

（2）工程量计算规则

隔离层、防腐涂料工程量按设计图示尺寸以面积计算。

1）平面防腐：扣除凸出地面的构筑物、设备基础等及面积＞0.3m² 孔洞、柱、垛所占面积。

2）立面防腐：扣除门、窗、洞口及面积＞0.3m² 孔洞、梁所占面积，门、窗、洞口侧壁、垛突出部分按展开面积并入墙面积内。

2. 砌筑沥青浸渍砖

（1）计算公式

$$V＝长度×高度×厚度$$

（2）工程量计算规则

砌筑沥青浸渍砖工程量按设计图示尺寸以体积计算。

9.2 保温、隔热、防腐工程工程量手算实例解析

【例 9-1】 如图 9-1 所示，求冷库室内软木保温层工程量。

【解】

（1）地面隔热层

$(6+4-0.24×2)×(5-0.24)×0.1+0.8×0.24×0.1$

$=4.51m^3$

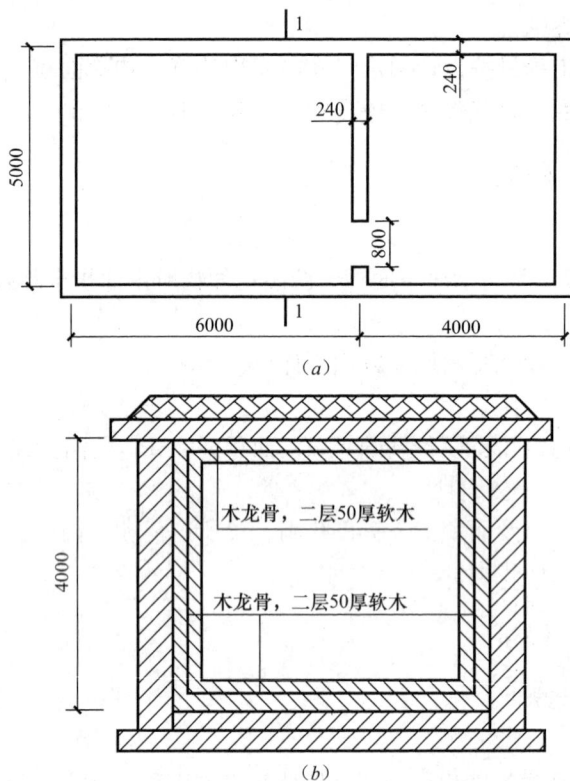

图 9-1 某小型冷库保温隔热示意图

（2）天棚隔热

$$(6+4-0.24\times2)\times(5-0.24)\times0.1$$
$$=4.53\text{m}^3$$

（3）墙体隔热

$$[(10-0.48-0.1\times2)\times2+(5-0.24-0.1)\times4-0.8\times2\times3]\times0.1$$
$$=3.25\text{m}^3$$

（4）门侧

$$[2\times0.34\times2+0.8\times0.34+2\times2\times0.22+0.8\times0.22]\times0.1$$
$$=0.27\text{m}^3$$

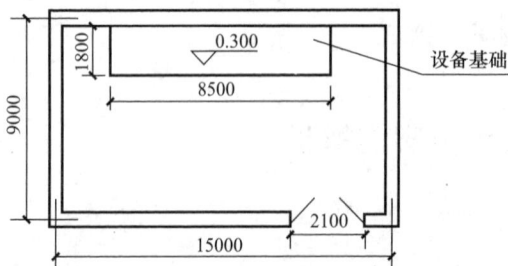

图 9-2 重晶石砂浆面层示意图

（5）墙体合计

$$3.25+0.27$$
$$=3.52\text{m}^3$$

【例 9-2】 如图 9-2 所示，计算重晶石砂浆面层工程量（重晶石砂浆面层的厚度为 80mm）。

【解】

重晶石砂浆面层工程量：

$$[(15-0.24)\times(9-0.24)-1.8\times8.5+0.12\times2]\times0.08=9.14\text{m}^3$$

【例9-3】 如图9-3所示，地面面层做法为环氧呋喃胶泥砌耐酸瓷板30mm厚，墙裙为环氧呋喃胶泥砌耐酸瓷板20mm厚，900mm高，计算其工程量。

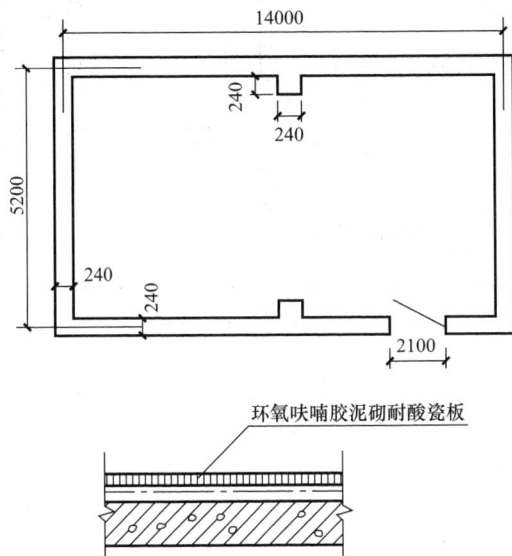

图9-3 某地面面层示意图

【解】

（1）地面砌耐酸瓷板

$$(14-0.24)\times(5-0.24)+2.1\times0.12-0.24\times0.24\times2$$
$$=65.64\text{m}^3$$

（2）墙裙砌耐酸瓷板

$$[(14-0.24)\times2+(5-0.24)\times2+0.24\times6-2.1]\times0.9$$
$$=32.74\text{m}^3$$

【例9-4】 某墙面如图9-4所示，用过氯乙烯漆耐酸防腐涂料抹灰25mm厚，其中底漆一遍，计算其清单工程量。

【解】

（1）墙面长度

$$(5-0.24)\times4+(3-0.24)\times2+(2-0.24)\times2+(3-0.24)\times2+(3.5-0.24)\times2$$
$$=40.12\text{m}$$

（2）应扣除面积

$$1.2\times2.4+0.9\times1.5\times1+1.8\times4+1.5\times1.8\times3$$
$$=19.53\text{m}^2$$

（3）应增加的面积

$$0.35\times2\times3$$
$$=2.1\text{m}^2$$

（4）墙面工程量

$$40.12\times3+2.1-19.53$$
$$=102.93\text{m}^2$$

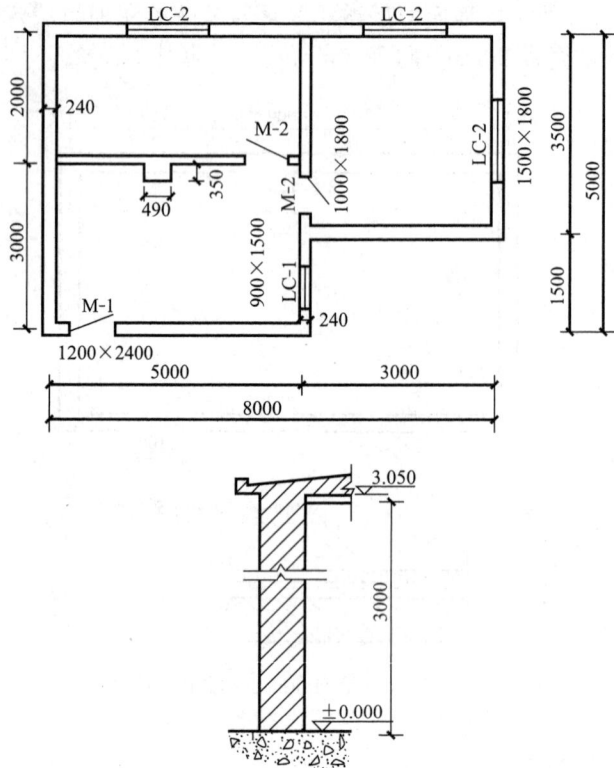

图 9-4 某墙面示意图

【例 9-5】 某冷库室内设软木保温层，厚度为 150mm，层高 3.5m，板厚 150mm，如图 9-5 所示，试对其保温层列项并计算工程量。

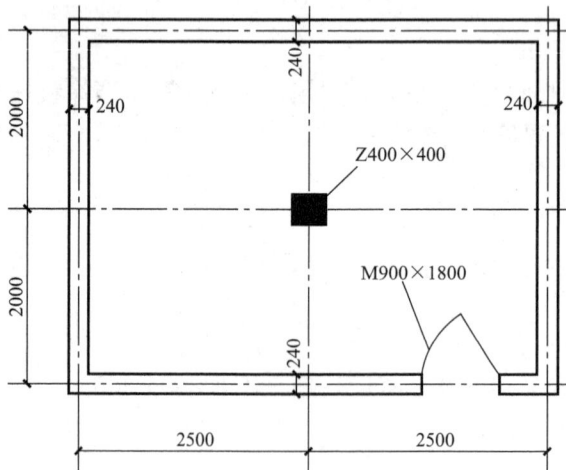

图 9-5 冷库平面图

【解】

(1) 天棚（带木龙骨）保温层

$$(5-0.24) \times (4-0.24) \times 0.15$$

$$= 2.68 \text{m}^3$$

（2）墙面保温层

$(5-0.24-0.075\times2+4-0.24-0.075\times2)\times2\times(3.5-0.15\times2)\times0.15$

$\quad-0.9\times1.8\times0.15+[(1.8-0.15)\times2+0.9]\times0.12\times0.15$

$=7.72\text{m}^3$

（3）地面保温层

$$[(5-0.24)\times(4-0.24)+0.9\times0.24]\times0.15$$
$$=2.72\text{m}^3$$

（4）柱面保温层

$(0.4+0.075\times2)\times4\times(3.5-0.15\times2)\times0.15$

$=1.06\text{m}^3$

【例 9-6】 某冷藏工程室内（包括柱子）均用石油沥青粘贴 100mm 厚的聚苯乙烯泡沫塑料板，尺寸如图 9-6 所示，保温门为 900mm×1800mm，先铺顶棚、地面、后铺墙面、柱面，保温门室内安装，洞口周围不需另铺保温材料，计算保温隔热天棚、墙面、柱面、地面工程量。

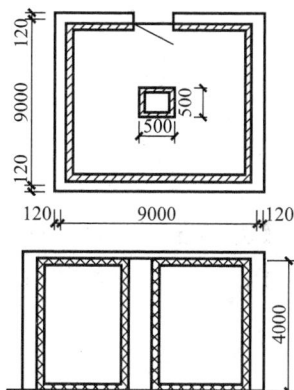

图 9-6 某冷藏工程室内示意图

【解】

（1）地面隔热层

$(9-0.24)\times(9-0.24)\times0.1$

$=7.67\text{m}^3$

（2）墙面

$[(9-0.24-0.1+9-0.24-0.1)\times2\times(4-0.01\times2)-0.9\times1.8]\times0.1$

$=13.62\text{m}^3$

（3）柱面隔热

$(0.5\times4-4\times0.1)\times(4-0.1\times2)\times0.1$

$=0.61\text{m}^3$

（4）顶棚保温

$(9-0.24)\times(9-0.24)\times0.1$

$=7.67\text{m}^3$

【例 9-7】 某库房地面做 1：0.533：0.533：3.121 不发火沥青砂浆防腐面层，踢脚线抹 1：0.3：1.5：4 铁屑砂浆，厚度均为 20mm，踢脚线高度 200mm，如图 9-7 所示。墙厚均为 240mm，门洞地面做防腐面层，侧边不做踢脚线。试列出该库房工程防腐面层及踢脚线的分部分项工程量清单。

【解】

（1）防腐砂浆面层

$$(9.00-0.24)\times(4.50-0.24)$$
$$=37.32\text{m}^3$$

（2）砂浆踢脚线

$$(9.00-0.24+0.24\times4+4.5-0.24)\times2-0.90$$
$$=27.06\text{m}^3$$

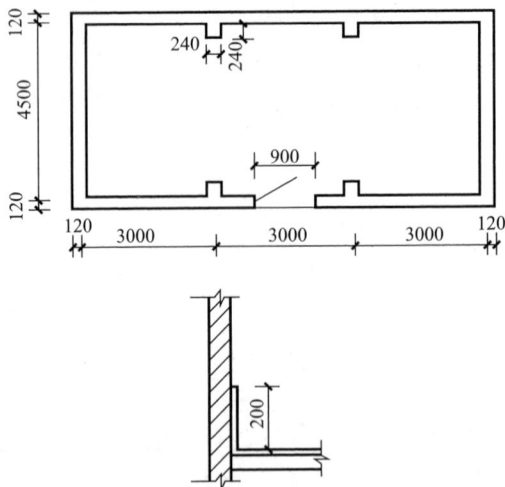

图 9-7 某库房平面示意图（单位：mm）

【例 9-8】 如图 9-8 所示，试计算：（1）图 9-8（a）所示耐酸沥青混凝土面层工程量，（2）图 9-8（b）方案所示耐酸沥青砂浆工程量。

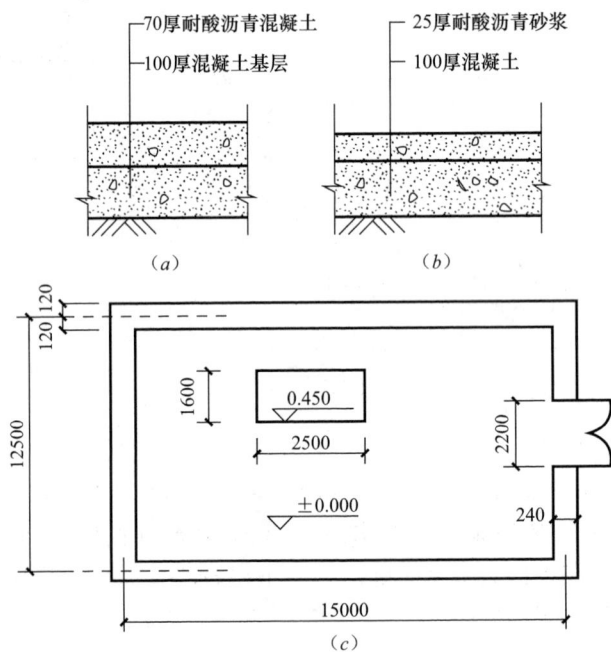

图 9-8 耐酸沥青混凝土面层示意图

【解】

（1）耐酸沥青混凝土工程量 ［图 9-8（a）］

$$(15-0.24) \times (12.5-0.24) - 1.6 \times 2.5 + 0.24 \times 2$$

$$= 177.44 \text{m}^2$$

（2）耐酸沥青砂浆工程量［图 9-8（b）］

$(15-0.24)\times(12.5-0.24)-1.6\times2.5+0.24\times2+0.15\times[(15-0.24+12.5-0.24)$
$\times2+0.12\times2-2.2]$
$=185.25m^2$

【例 9-9】 某工程屋顶平面及剖面如图 9-9 所示，计算其卷材防水层、水泥砂浆找平层、水泥焦砟找坡层、聚苯乙烯泡沫塑料板保温层的工程量。

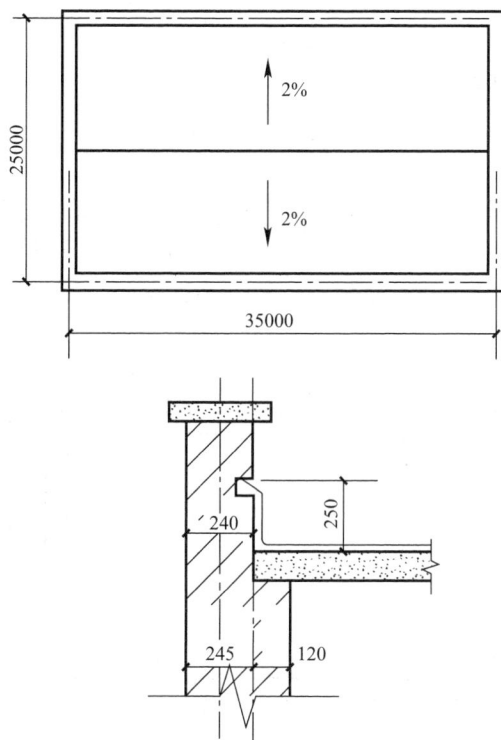

图 9-9 屋顶平面及剖面图

【解】

（1）卷材防水层

1）$L_外$：

$$(35+0.245\times2+25+0.245\times2)\times2=121.96m$$

2）女儿墙内周长：

$$L_外-8\times0.24=121.96-8\times0.24=120.04m$$

3）女儿墙中心线长：

$$L_外-8\times0.12=121.96-8\times0.12=121m$$

4）卷材防水层工程量

$(35+0.245\times2)\times(25+0.245\times2)-121\times0.24+120.04\times0.25$
$=904.41m^2$

（2）水泥砂浆找平层

水泥砂浆找平层工程量同卷材防水层工程量：$904.41m^2$

（3）水泥焦砟找坡层

1）找坡层长度：$35+0.005\times2=35.01$m

2）找坡层宽度：$25+0.005\times2=25.01$m

3）找坡层平均厚度：$0.03+\left(\dfrac{25.01}{2}\times2\%\right)\times\dfrac{1}{2}=0.16$m

4）水泥焦砟找坡层工程量：

$$35.01\times25.01\times0.16$$
$$=140.10\text{m}^3$$

（4）聚苯乙烯泡沫塑料板保温层

$$35.01\times25.01\times0.06$$
$$=52.54\text{m}^3$$

【例 9-10】 如图 9-10 所示冷库，设计采用沥青贴软木保温层，厚 0.1m；顶棚做带木龙骨（40mm×40mm，间距 400mm×400mm）保温层，墙面 1：1：6 水泥石灰砂浆 15mm 打底附墙贴软木，地面直接铺保温层。门为保温门，不需考虑门及框保温，计算墙面、地面、天棚保温工程量。

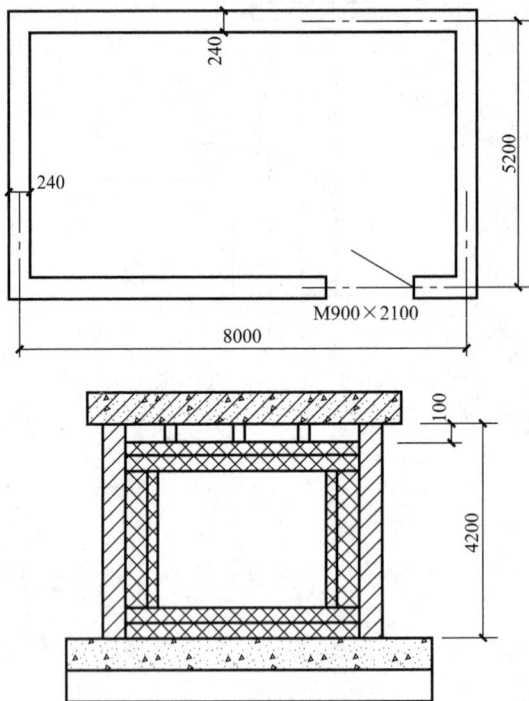

图 9-10 冷库示意图

【解】

（1）墙面保温（不计门框）

$(8-0.24-0.1+5.2-0.24-0.1)\times2\times(4.2-0.1-0.1-0.1)-0.9\times2$
$=95.86\text{m}^2$

（2）地面保温

$$(8-0.24)\times(5.2-0.24)$$
$$=38.49m^2$$

（3）天棚保温

$$(8-0.24)\times(5.2-0.24)$$
$$=38.49m^2$$

【例9-11】 某地面如图9-11所示，采用双层耐酸沥青胶泥粘青石板（180mm×110mm×30mm），踢脚板高150mm，厚度为20mm，计算其清单工程量。

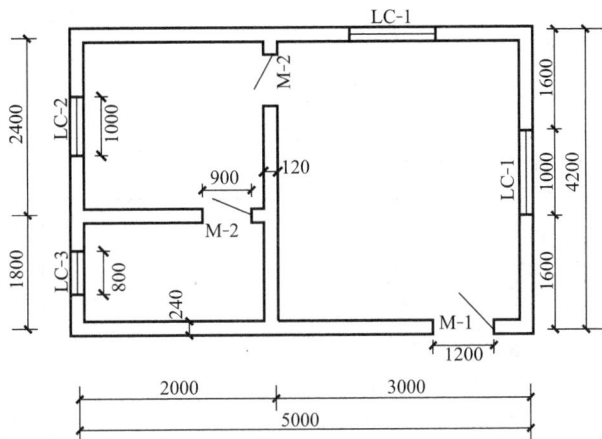

图9-11 某地面示意图

【解】

（1）地面面积

$(2-0.18)\times(1.8-0.18)+(2-0.18)\times(2.4-0.18)+(3-0.18)\times(4.2-0.24)$
$+0.9\times0.12\times2+1.2\times0.24$

$=18.66m^2$

（2）踢脚板

1）踢脚板长度：

$(5-0.24-0.12)\times2+(4.2-0.24)\times2+[(4.2-0.24-0.12)+(2-0.18)]\times2$

$=28.52m$

2）应扣除的面积（门洞口）：

$$(1.2+0.9\times4)\times0.15$$
$$=0.72m^2$$

3）应增加的面积（侧壁展开）：

$$(0.12\times0.15\times2+0.12\times0.15\times4)$$
$$=0.11m^2$$

4）踢脚板的工程量：

$$28.52\times0.15+0.11-0.72$$
$$=5.11m^2$$

【例9-12】 某工程建筑示意图如图9-12所示，该工程外墙保温做法：①基层表面清理；②刷界面砂浆 5mm；③刷 30mm 厚胶粉聚苯颗粒；④门窗边做保温宽度为 120mm。试列出该工程外墙外保温的分部分项工程量清单。

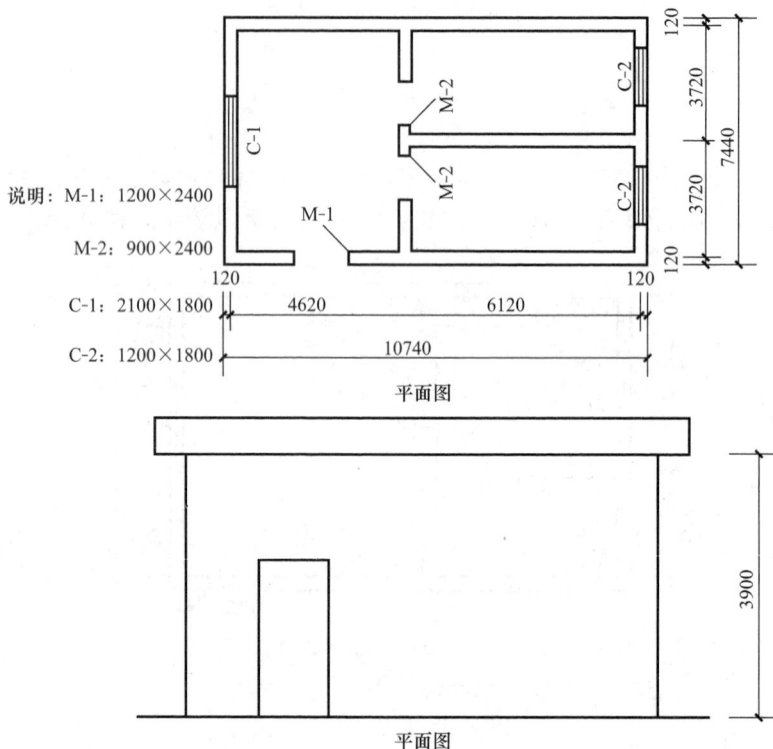

图 9-12　某工程建筑示意图（单位：mm）

【解】

（1）墙面

$S_1 = [(10.74+0.24)+(7.44+0.24)] \times 2 \times 3.90 - (1.2 \times 2.4 + 2.1 \times 1.8 + 1.2 \times 1.8 \times 2)$

$= 134.57 \text{m}^2$

（2）门窗侧边

$S_2 = [(2.1+1.8) \times 2 + (1.2+1.8) \times 4 + (2.4 \times 2 + 1.2)] \times 0.12$

$= 3.10 \text{m}^2$

（3）保温墙面工程量

$$134.57 + 3.10$$
$$= 137.67 \text{m}^2$$

【例 9-13】　如图 9-13 所示，计算不发火沥青砂浆面层的工程量。

【解】

（1）地面面层工程量

$S_1 = (28.8 - 0.24 \times 2) \times (24.6 - 0.24) - 3.2 \times 2.8 \times 2 + 1.5 \times (0.24 + 0.12)$

$= 672.50 \text{m}^2$

（2）墙裙工程量

$S_2 = [(28.8 - 0.24 \times 2) \times 2 + (24.6 - 0.24) \times 4 - 1.5 \times 2 + 0.24 \times 2 + 0.12 \times 2] \times 0.9$

$= 136.62 \text{m}^2$

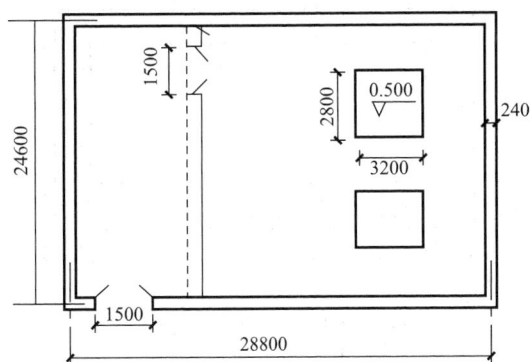

(a)

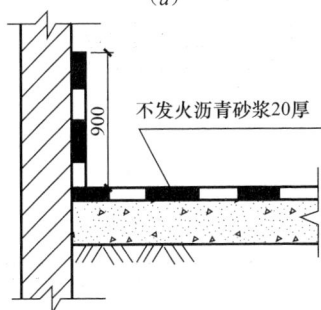

不发火沥青砂浆20厚

(b)

图 9-13 某不发火沥青砂浆面层示意图

(a) 平面图；(b) 剖面图

（3）总工程量

$$S = S_1 + S_2$$
$$= 672.50 + 136.62$$
$$= 809.12 \text{m}^2$$

【例 9-14】 如图 9-14 所示，酸池贴耐酸瓷砖，计算块料耐酸瓷砖的工程量（设瓷砖、结合层、找平层厚度合计近似 100mm）。

【解】

（1）池底板工程量

$$S_1 = 4.4 \times 2.2$$
$$= 9.68 \text{m}^2$$

（2）池壁工程量

$$S_2 = (4.4 + 2.2 - 2 \times 0.1) \times 2 \times (2 - 0.1)$$
$$= 24.32 \text{m}^2$$

【例 9-15】 如图 9-15 所示为环氧砂浆地面面层示意图，设计为环氧砂浆 6mm 厚。试计算其工程量并编制工程量清单综合单价及合价（管理费率取定直接费的 35%，利润取定直接费的 7%）

【解】

（1）清单工程量

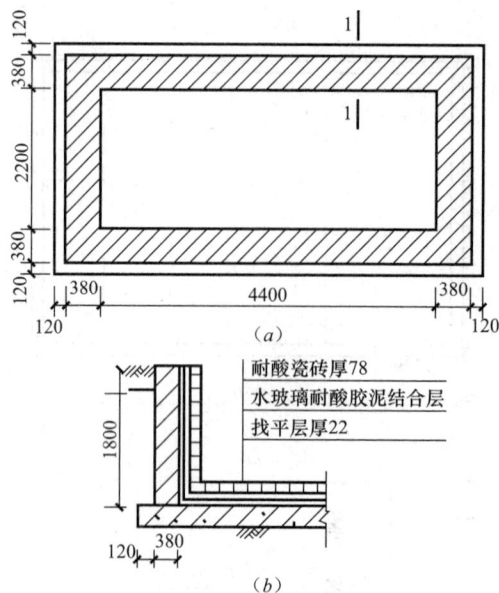

图 9-14 酸池结构示意图

(a) 平面图；(b) 1—1 剖面图

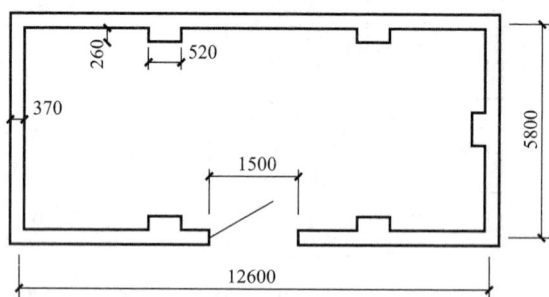

图 9-15 环氧砂浆地面面层示意图

环氧砂浆地面面积：

$$S = (12.6 - 0.37) \times (5.8 - 0.37) - 0.26 \times 0.52 \times 5 + 1.5 \times 0.185$$
$$= 66.01 \text{m}^2$$

（2）环氧砂浆

人工费：$9.24 \times 66.01 = 609.93$ 元

材料费：$95.98 \times 66.01 = 6335.64$ 元

（3）综合

直接费：6945.57 元

管理费：6945.57 元 × 35% = 2430.95 元

利润：6945.57 元 × 7% = 486.19 元

总计：6945.57 元 + 2430.95 元 + 486.19 元 = 9862.71 元

综合单价：9862.71 ÷ 66.01 = 149.41 元

分部分项工程和单价措施项目清单与计价表见表 9-1，综合单价分析表见表 9-2。

分部分项工程和单价措施项目清单与计价表

表 9-1

工程名称：某楼地面保温隔热工程　　　　　标段：　　　　　　　　第　页共　页

序号	项目编号	项目名称	项目特征描述	计量单位	工程量	金额/元	
						综合单价	合价
1	011001005001	保温隔热楼地面	1. 保温隔热部位：楼地面 2. 保温隔热材料品种、厚度：环氧树脂，6mm厚	m²	66.01	149.41	9862.71
		合计					9862.71

综合单价分析表

表 9-2

工程名称：某楼地面保温隔热工程　　　　　标段：　　　　　　　　第　页共　页

项目编码	011001005001	项目名称	保温隔热楼地面	计量单位	m²	工程量	66.01

清单综合单价组成明细

定额编号	定额名称	定额单位	数量	单价/元				合价/元			
				人工费	材料费	机械费	管理费和利润	人工费	材料费	机械费	管理费和利润
—	环氧砂浆	m²	1	9.24	95.98	—	44.19	9.24	95.98	—	44.19
人工单价		小计						9.24	95.98	—	44.19
48元/工日		未计价材料费									
清单项目综合单价								149.41			

153

10 土建工程工程量计价编制应用实例

10.1 工程量清单编制实例

现以某中学教学楼工程为例介绍工程量清单编制（由委托工程造价咨询人编制）。

1. 封面

招标工程量清单封面应填写招标工程项目的具体名称，招标人应盖单位公章，如委托工程造价咨询人编制，还应由其加盖相同单位公章。

招标工程量清单封面

```
┌──────────────────────────────────────────────────────────┐
│                                                            │
│                    ××中学教学楼工程                         │
│                                                            │
│                                                            │
│                                                            │
│                 招 标 工 程 量 清 单                         │
│                                                            │
│                                                            │
│                                                            │
│                                                            │
│          招 标 人：_____××中学_____                      │
│                         （单位盖章）                         │
│                                                            │
│                                                            │
│          造价咨询人：：__××工程造价咨询企业__               │
│                         （单位盖章）                         │
│                                                            │
│                    ××年×月×日                             │
│                                                            │
└──────────────────────────────────────────────────────────┘
```

2. 扉页

招标人委托工程造价咨询人编制工程量清单时，招标工程量清单扉页由工程造价咨询人单位注册的造价人员编制，工程造价咨询人盖单位资质专用章，法定代表人或其授权人签字或盖章。编制人是造价工程师的，由其签字盖执业专用章；编制人是造价员的，在编制人栏签字盖专用章，应由造价工程师复核，并在复核人栏签字盖执业专用章。

154

××中学教学楼工程

招 标 工 程 量 清 单

招 标 人：　　　　　××中学　　　　　　　造价咨询人：　　　　××工程造价咨询企业　　　
　　　　　　　　（单位盖章）　　　　　　　　　　　　　　　　　（单位资质专用章）

法定代表人　　　　　××中学　　　　　　　　法定代表人
或其授权人：　　　　　××× 　　　　　　　或其授权人：　　　　　　×××　　　　　　
　　　　　　　　（签字或盖章）　　　　　　　　　　　　　　　　（签字或盖章）

编 制 人：　　　　　　×××　　　　　　　　复 核 人：　　　　　　×××　　　　　　
　　　　（造价人员签字盖专用章）　　　　　　　　　（造价工程师签字盖专用章）

编制时间：××年×月×日　　　　　　　　　　复核时间：××年×月×日

3. 总说明

编制工程量清单的总说明的内容应包括：

（1）工程概况：如建设地址、建设规模、工程特征、交通状况、环保要求等。

（2）工程发包、分包范围。

（3）工程量清单编制依据：如采用的标准、施工图纸、标准图集等。

（4）使用材料设备、施工的特殊要求等。

（5）其他需要说明的问题。

总说明

工程名称：××中学教学楼工程　　　　　　　标段：　　　　　　　　　第1页 共1页

1. 工程概况：本工程为砖混结构，采用混凝土灌注桩，建筑层数为六层，建筑面积10940m²，计划工期为200日历天。施工现场距教学楼最近处为20m，施工中应注意采取相应的防噪措施。

2. 工程招标范围：本次招标范围为施工图范围内的建筑工程和安装工程。

3. 工程量清单编制依据：

（1）教学楼施工图；

（2）《建设工程工程量清单计价规范》（GB 50500—2013）；

（3）《房屋建筑与装饰工程工程量计算规范》（GB 50854—2013）；

（4）拟定的招标文件；

（5）相关的规范、标准图集和技术资料。

4. 其他需要说明的问题：

（1）招标人供应现浇构件的全部钢筋，单价暂定为4000元/t。

承包人应在施工现场对招标人供应的钢筋进行验收、保管和使用发放。

招标人供应钢筋的价款，由招标人按每次发生的金额支付给承包人，再由承包人支付给供应商。

（2）消防工程另进行专业发包。总承包人应配合专业工程承包人完成以下工作：

① 为消防工程承包人提供施工工作面并对施工现场进行统一管理，对竣工资料进行统一整理汇总。

② 为消防工程承包人提供垂直运输机械和焊接电源接入点，并承担垂直运输费和电费。

4. 分部分项工程和单价措施项目清单与计价表

编制工程量清单时，分部分项工程和单价措施项目清单与计价表中，"工程名称"栏应填写具体的工程称谓；"项目编码"栏应按相关工程国家计量规范项目编码栏内规定的9位数字另加3位顺序码填写；"项目名称"栏应按相关工程国家计量规范根据拟建工程实际确定填写；"项目描述"栏应按相关工程国家计量规范根据拟建工程实际予以描述。

分部分项工程和单价措施项目清单与计价表

工程名称：××中学教学楼工程　　　　　　标段：　　　　　　　　　

序号	项目编号	项目名称	项目特征描述	计量单位	工程量	金额/元		
						综合单价	合价	其中 暂估价
			0101 土石方工程					
1	010101003001	挖沟槽土方	三类土，垫层底宽2m，挖土深度<4m，弃土运距<10km	m³	1432			
			（其他略）					
			分部小计					
			0103 桩基工程					
2	010302003001	泥浆护壁混凝土灌注桩	桩长10m，护壁段长9m，共42根，桩直径1000mm，扩大头直径1100mm，桩混凝土为C25，护壁混凝土为C20	m	420			
			（其他略）					
			分部小计					
			0104 砌筑工程					
3	010401001001	条形砖基础	M10水泥砂浆，MU15页岩砖240×115×53（mm）	m³	239			
4	010401003001	实心砖墙	M7.5混合砂浆，MU15页岩砖240×115×53（mm）；墙厚度240mm	m³	2037			
			（其他略）					
			分部小计					
			0105 混凝土及钢筋混凝土工程					
5	010503001001	基础梁	C30预拌混凝土，梁底标高−1.55m	m³	208			
6	010515001001	现浇构件钢筋	螺纹钢Q235，φ14	t	200			
			（其他略）					
			分部小计					
			本页小计					
			合计					

序号	项目编号	项目名称	项目特征描述	计量单位	工程量	金额/元		
						综合单价	合价	其中
								暂估价
			0106 金属结构工程					
7	010606008001	钢爬梯	U 型，型钢品种、规格详见施工图	t	0.258			
			分部小计					
			0108 门窗工程					
8	010807001001	塑钢窗	80 系列 LC0915 塑钢平开窗带纱 5mm 白玻	m²	900			
			（其他略）					
			分部小计					
			0109 屋面及防水工程					
9	010902003001	屋面刚性防水	C20 细石混凝土，厚 40mm，建筑油膏嵌缝	m²	1853			
			（其他略）					
			分部小计					
			0110 保温、隔热、防腐工程					
10	011001001001	保温隔热屋面	沥青珍珠岩块 500×500×150（mm），1：3 水泥砂浆护面，厚 25mm	m²	1853			
			（其他略）					
			分部小计					
			0111 楼地面装饰工程					
11	011101001001	水泥砂浆楼地面	1：3 水泥砂浆找平层，厚 20mm，1：2 水泥砂浆面层，厚 25mm	m²	6500			
			（其他略）					
			分部小计					
			本页小计					
			合计					

工程名称：××中学教学楼工程　　　　　标段：　　　　　　　

序号	项目编号	项目名称	项目特征描述	计量单位	工程量	金额/元		
						综合单价	合价	其中
								暂估价
			0112 墙、柱面装饰与隔断、幕墙工程					
12	011201001001	外墙面抹灰	页岩砖墙面，1：3 水泥砂浆底层，厚15mm，1：2.5 水泥砂浆面层，厚6mm	m²	4050			
13	011202001001	柱面抹灰	混凝土柱面，1：3 水泥砂浆底层，厚15mm，1.2.5 水泥砂浆面层，厚6mm	m²	850			
			（其他略）					
			分部小计					
			0113 天棚工程					
14	011301001001	混凝土天棚抹灰	基层刷水泥浆一道加107胶，1：0.5：2.5 水泥石灰砂浆底层，厚12mm，1：0.3：3 水泥石灰砂浆面层厚4mm	m²	7000			
			（其他略）					
			分部小计					
			0114 油漆、涂料、裱糊工程					
15	011407001001	外墙乳胶漆	基层抹灰面满刮成品耐水腻子三遍磨平，乳胶漆一底二面	m²	4050			
			（其他略）					
			分部小计					
			0117 措施项目					
16	011701001001	综合脚手架	砖混、檐高 22m	m²	10940			
			（其他略）					
			分部小计					
			本页小计					
			合计					

工程名称：××中学教学楼工程　　　　　　标段：

序号	项目编号	项目名称	项目特征描述	计量单位	工程量	金额/元		其中
						综合单价	合价	暂估价
			0304 电气设备安装工程					
17	030404035001	插座安装	单相三孔插座，250V/10A	个	1224			
18	030411001001	电气配管	砖墙暗配 PC20 阻燃 PVC 管	m	9858			
			（其他略）					
			分部小计					
			0310 给排水安装工程					
19	031001006001	塑料给水管安装	室内 DN20/PP-R 给水管，热熔连接	m	1569			
20	031001006002	塑料排水管安装	室内 ϕ110UPVC 排水管，承插胶粘接	m	849			
			（其他略）					
			分部小计					
			本页小计					
			合 计					

注：为计取规费等的使用，可在表中增设其中："定额人工费"。

5. 总价措施项目清单与计价表

编制工程量清单时，总价措施项目清单与计价表中的项目可根据工程实际情况进行增减。

总价措施项目清单与计价表

工程名称：××中学教学楼工程　　　　　　标段：　　　　　　第 1 页 共 1 页

序号	项目编码	项目名称	计算基础	费率（%）	金额/元	调整费率（%）	调整后金额/元	备注
		安全文明施工费						
		夜间施工增加费						
		二次搬运费						
		冬雨期施工增加费						
		已完工程及设备保护费						
		合 计						

编制人（造价人员）：　　　　　　复核人（造价工程师）：

注：1. "计算基础"中安全文明施工费可为"定额基价"、"定额人工费"或"定额人工费＋定额机械费"，其他项目可为"定额人工费"或"定额人工费＋定额机械费"。

2. 按施工方案计算的措施费，若无"计算基础"和"费率"的数值，也可只填"金额"数值，但应在备注栏说明施工方案出处或计算方法。

6. 其他项目清单与计价表

编制招标工程量清单时，其他项目清单与计价汇总表应汇总"暂列金额"和"专业工程暂估价"，以提供给投标报价。

其他项目清单与计价汇总表

工程名称：××中学教学楼工程　　　　　　标段：　　　　　　　　第1页 共1页

序号	项目名称	金额/元	结算金额/元	备注
1	暂列金额	350000		明细详见（1）
2	暂估价	200000		
2.1	材料暂估价	—		明细详见（2）
2.2	专业工程暂估价	200000		明细详见（3）
3	计日工			明细详见（4）
4	总承包服务费			明细详见（5）
5				
	合　计	550000		—

注：材料（工程设备）暂估价进入清单项目综合单价，此处不汇总。

（1）暂列金额明细表　投标人只需要直接将招标工程量清单中所列的暂列金额纳入投标总价，并且不需要在所列的暂列金额以外再考虑任何其他费用。

暂列金额明细表

工程名称：××中学教学楼工程　　　　　　标段：　　　　　　　　第1页 共1页

序号	项目名称	计量单位	暂定金额/元	备注
1	自行车棚工程	项	100000	
2	工程量偏差和设计变更	项	100000	
3	政策性调整和材料价格波动	项	100000	
4	其他	项	50000	
5				
	合　计		350000	—

注：此表由招标人填写，如不能详列，也可只列暂定金额总额，投标人应将上述暂列金额计入投标总价中。

（2）材料（工程设备）暂估单价及调整表　一般而言，招标工程量清单中列明的材料、工程设备的暂估价仅指此类材料、工程设备本身运至施工现场内工地地面价，不包括这些材料、工程设备的安装以及安装所必需的辅助材料以及发生在现场内的验收、存储、保管、开箱、二次搬运、从存放地点运至安装地点以及其他任何必要的辅助工作（以下简称"暂估价项目的安装及辅助工作"）所发生的费用。暂估价项目的安装及辅助工作所发生的费用应该包括在投标报价中的相应清单项目的综合单价中并且固定包死。

材料（工程设备）暂估单价及调整表

工程名称：××中学教学楼工程　　　　　　标段：　　　　　　　　第1页 共1页

序号	材料（工程设备）名称、规格、型号	计量单位	数量		暂估/元		确认/元		差额±/元		备注
			暂估	确认	单价	合价	单价	合价	单价	合价	
1	钢筋（规格见施工图）	t	200		4000		800000				用于现浇钢筋混凝土项目
2	低压开关柜（CGD 190380/220V）	t	1		45000		45000				用于低压开关柜安装项目
	合　计						845000				

注：此表由招标人填写"暂估单价"，并在备注栏说明暂估价的材料、工程设备拟用在那些清单项目上，投标人应将上述材料、工程设备暂估单价计入工程量清单综合单价报价中。

（3）专业工程暂估价及结算价表　专业工程暂估价应在表内填写工程名称、工程内容、暂估金额，投标人应将上述金额计入投标总价中。

专业工程暂估价项目及其表中列明的专业工程暂估价，是指分包人实施专业工程的含税金后的完整价（即包含了该专业工程中所有供应、安装、完工、调试、修复缺陷等全部工作），除了合同约定的发包人应承担的总包管理、协调、配合和服务责任所对应的总承包服务费用以外，承包人为履行其总包管理、配合、协调和服务等所需发生的费用应该包括在投标报价中。

专业工程暂估价及结算价表

工程名称：××中学教学楼工程　　　　　　标段：　　　　　　　　　第1页 共1页

序号	工程名称	工程内容	暂估金额/元	结算金额/元	差额±/元	备注
1	消防工程	合同图纸中标明的以及消防工程规范和技术说明中规定的各系统中的设备、管道、阀门、线缆等的供应、安装和调试工作	200000			
	合　计		200000			

注：此表"暂估金额"由招标人填写，投标人应将"暂估金额"计入投标总价中，结算时按合同约定结算金额填写。

（4）计日工表　编制工程量清单时，计日工表中的"项目名称"、"计量单位"、"暂估数量"由招标人填写。

计日工表

工程名称：××中学教学楼工程　　　　　　标段：　　　　　　　　　第1页 共1页

编号	项目名称	单位	暂定数量	实际数量	综合单价/元	合价/元 暂定	合价/元 实际
一	人工						
1	普工	工日	100				
2	机工	工日	60				
	人工小计						
二	材料						
1	钢筋（规格见施工图）	t	1				
2	水泥 42.5	t	2				
3	中砂	m³	10				
4	砾门（5～40mm）	m³	5				
5	页岩砖（240mm×115mm×53mm）	千匹	1				
	材料小计						
三	施工机械						
1	自升式塔吊起重机	台班	5				
2	灰浆搅拌机（400L）	台班	2				
	施工机械小计						
四	企业管理费和利润						
	总　计						

注：此表项目名称、暂定数量由招标人填写，编制招标控制价时，单价由招标人按有关计价规定确定；投标时，单价由投标人自主报价，按暂定数量计算合价计入投标总价中。结算时，按发承包双方确认的实际数量计算合价。

（5）总承包服务费计价表　编制招标工程量清单时，招标人应将拟定进行专业发包的专业工程，自行采购的材料设备等决定清楚，填写项目名称、服务内容，以便投标人决定报价。

总承包服务费计价表

工程名称：××中学教学楼工程　　　　　　　　　标段：　　　　　　　　　第1页 共1页

序号	项目名称	项目价值/元	服务内容	计算基础	费率（%）	金额/元
1	发包人发包专业工程	200000	1. 按专业工程承包人的要求提供施工工作面并对施工现场进行统一整理汇总 2. 为专业工程承包人提供垂直运输机械和焊接电源接入点，并承担垂直运输费和电费			
2	发包人供应材料	845000				
	合　计	—		—		

注：此表项目名称、服务内容有招标人填写，编制招标控制价时，费率及金额由招标人按有关计价规定确定；投标时，费率及金额由投标人自主报价，计入投标总价中。

7. 规费、税金项目计价表

在施工实践中，有的规费项目，如工程排污费，并非每个工程所在地都要征收，实践中可作为按实计算的费用处理。

规费、税金项目计价表

工程名称：××中学教学楼工程　　　　　　　　　标段：　　　　　　　　　第1页 共1页

序号	项目名称	计算基础	计算基数	计算费率（%）	金额/元
1	规费	定额人工费			
1.1	社会保险费	定额人工费			
（1）	养老保险费	定额人工费			
（2）	失业保险费	定额人工费			
（3）	医疗保险费	定额人工费			
（4）	工伤保险费	定额人工费			
（5）	生育保险费	定额人工费			
1.2	住房公积金	定额人工费			
1.3	工程排污费	按工程所在地环境保护部门收取标准，按实计入			
2	税金	分部分项工程费＋措施项目费＋其他项目费＋规费－按规定不计税的工程设备金额			
	合　计				

编制人（造价人员）：　　　　　　　　复核人（造价工程师）：

8. 主要材料、工程设备一览表

《建设工程工程量清单计价规范》GB 50500—2013中新增加"主要材料、工程设备一览表"，由于价料等价格占据合同价款的大部分，对材料价款的管理历来是发承包双方十分重视的。

承包人提供主要材料和工程设备一览表

（适用于价格指数差额调整法）

工程名称：××中学教学楼工程　　　标段：　　　　　　

序号	名称、规格、型号	变值权重 B	基本价格指数 F_0	现行价格指数 F_t	备注
1	人工		110%		
2	钢材		4000 元/t		
3	预拌混凝土 C30		340 元/m³		
4	页岩砖		300 元/千匹		
5	机械费		100%		
	定值权重 A		—	—	
	合　计	1	—	—	

注：1. "名称、规格、型号"、"基本价格指数"栏由招标人填写，基本价格指数应首先采用工程造价管理机构发布的价格指数，没有时，可采用发布的价格代替。如人工、机械费也采用本法调整由招标人在"名称"栏填写。

2. "变值权重"栏由投标人根据该项人工、机械费和材料、工程设备值在投标总报价中所占的比例填写，1 减去其比例为定值权重。

3. "现行价格指数"按约定的付款证书相关周期最后一天的前 42 天的各项价格指数填写，该指数应首先采用工程造价管理机构发布的价格指数，没有时，可采用发布的价格代替。

10.2　投标报价编制实例

现以某中学教学楼工程为例介绍投标报价编制（由委托工程造价咨询人编制）。

1. 封面

投标总价封面的应填写投标工程的具体名称，投标人应盖单位公章。

投标总价封面

　　　　　　　　　　__××中学教学楼__　工程

　　　　　　　　　　　　　投 标 总 价

　　　　　　招 标 人：　　__××建筑公司__　　　　
　　　　　　　　　　　　　　（单位盖章）

　　　　　　　　　　　　××年×月×日

2. 扉页

投标人编制投标报价时，投标总价扉页由投标人单位注册的造价人员编制，投标人盖单位公章，法定代表人或其授权人签字或盖章，编制的造价人员（造价工程师或造价员）签字盖执业专用章。

投标总价扉页

投 标 总 价
招 标 人：＿＿＿＿＿＿＿＿×× 中学＿＿＿＿＿＿＿＿
工 程 名 称：＿＿＿＿＿×× 中学教学楼工程＿＿＿＿＿
投标总价（小写）：＿＿＿＿＿＿7972282＿＿＿＿＿＿＿
（大写）：＿＿柒佰玖拾柒万贰仟贰佰捌拾贰元＿＿
投 标 人：＿＿＿＿＿＿＿×× 建筑公司＿＿＿＿＿＿＿
（单位盖章）
法定代表人
或其授权人：＿＿＿＿＿＿＿＿××× ＿＿＿＿＿＿＿＿＿
（签字或盖章）
编 制 人：＿＿＿＿＿＿＿＿××× ＿＿＿＿＿＿＿＿＿
（造价人员签字盖专用章）
编制时间：×× 年 × 月 × 日

3. 总说明

编制投标报价的总说明内容应包括：采用的计价依据；采用的施工组织设计；综合单价中风险因素、风险范围（幅度）；措施项目的依据；其他有关内容的说明等。

总说明

工程名称：×× 中学教学楼工程　　　　　　　　　标段：　　　　　　　　　第 1 页 共 1 页

> 1. 工程概况：本工程为砖混结构，混凝土灌注桩基，建筑层数为六层，建筑面积 10940m²，招标计划工期为 200 日历天，投标工期为 180 日历天。
> 2. 投标报价包括范围：为本次招标的施工图范围内的建筑工程和安装工程。
> 3. 投标报价编制依据：
> （1）招标文件、招标工程量清单和有关报价要求，招标文件的补充通知和答疑纪要；
> （2）施工图及投标施工组织设计；
> （3）《建设工程工程量清单计价规范》（GB 50500—2013）以及有关的技术标准、规范和安全管理规定等；
> （4）省建设主管部门颁发的计价定额和计价办法及相关计价文件；
> （5）材料价格根据本公司掌握的价格情况并参照工程所在地工程造价管理机构 ×× 年 × 月工程造价信息发布的价格。单价中已包括招标文件要求的≤5％的价格波动风险。
> 4. 其他（略）。

4. 投标控制价汇总表

与招标控制价的表样一致，此处需要说明的是，投标报价汇总表与投标函中投标报价金额应当一致。就投标文件的各个组成部分而言，投标函是最重要的文件，其他组成部分都是投标函的支持性文件，投标函是必须经过投标人签字盖章，并且在开标会上必须当众宣读的文件。如果投标报价汇总表的投标总价与投标函填报的投标总价不一致，应当以投标函中填写的大写金额为准。实践中，对该原则一直缺少一个明确的依据，为了避免出现争议，可以在"投标人须知"中给予明确，用在招标文件中预先给予明示约定的方式来弥补法律法规依据的不足。

建设项目投标投价汇总表

序号	单项工程名称	金额/元	其中：/元		
			暂估价	安全文明施工费	规费
1	教学楼工程	7972282	845000	209650	239001
合　计		7972282	845000	209650	239001

注：本表适用于建设项目招标控制价或投标报价的汇总。

说明：本工程仅为一栋教学口，故单项工程即为建设项目。

单项工程投标报价汇总表

序号	单项工程名称	金额/元	其中：/元		
			暂估价	安全文明施工费	规费
1	教学楼工程	7972282	845000	209650	239001
合　计		7972282	845000	209650	239001

注：本表适用于单项工程招标控制价或投标报价的汇总。暂估价包括分部分项工程中的暂估价和专业工程暂估价。

单位工程投标报价汇总表

序号	汇总内容	金额/元	其中：暂估价/元
1	分部分项工程	6134749	845000
0101	土石方工程	99757	
0103	桩基工程	397283	
0104	砌筑工程	725456	
0105	混凝土及钢筋混凝土工程	2432419	800000
0106	金属结构工程	1794	
0108	门窗工程	366464	
0109	屋面及防水工程	251838	
0110	保温、隔热、防腐工程	133226	
0111	楼地面装饰工程	291030	
0112	墙柱面装饰与隔断、幕墙工程	418643	
0113	天棚工程	230431	
0114	油漆、涂料、裱糊工程	233606	
0304	电气设备安装工程	360140	45000
0310	给排水安装工程	192662	
2	措施项目	738257	—
0117	其中：安全文明施工费	209650	—
3	其他项目	597288	—
3.1	其中：暂列金额	350000	—
3.2	其中：专业工程暂估价	200000	—
3.3	其中：计日工	26528	—
3.4	其中：总承包服务费	20760	—
4	规费	239001	—
5	税金	262887	—
投标报价合计＝1＋2＋3＋4＋5		7972282	845000

5. 分部分项工程和单价措施项目清单与计价表

编制投标报价时，招标人对分部分项工程和单价措施项目清单与计价表中的"项目编码"、"项目名称"、"项目特征"、"计量单位"、"工程量"均不应作改动。"综合单价"、"合价"自主决定填写，对其中的"暂估价"栏，投标人应将招标文件中提供了暂估材料单价的暂估价进入综合单价，并应计算出暂估单价的材料在"综合单价"及其"合价"中的具体数额，因此，为更详细反应暂估价情况，也可在表中增设一栏"综合单价"其中的"暂估价"。

分部分项工程和单价措施项目清单与计价表

工程名称：××中学教学楼工程　　　　　　标段：　　　　　　第 1 页 共 4 页

序号	项目编号	项目名称	项目特征描述	计量单位	工程量	金额/元		
						综合单价	合价	其中 暂估价
			0101 土石方工程					
1	010101003001	挖沟槽土方	三类土，垫层底宽 2m，挖土深度<4m，弃土运距<7km	m³	1432	21.92	31389	
			（其他略）					
			分部小计				99757	
			0103 桩基工程					
2	010302003001	泥浆护壁混凝土灌注桩	桩长 10m，护壁段长 9m，共 42 根，桩直径 1000mm，扩大头直径 1100mm，桩混凝土为 C25，护壁混凝土为 C20	m	420	322.06	135265	
			（其他略）					
			分部小计				397283	
			0104 砌筑工程					
3	010401001001	条形砖基础	M10 水泥砂浆，MU15 页岩砖 240×115×53（mm）	m³	239	290.46	69420	
4	010401003001	实心砖墙	M7.5 混合砂浆，MU15 页岩砖 240×115×53（mm），墙厚度 240mm	m³	2037	304.43	620124	
			（其他略）					
			分部小计				725456	
			0105 混凝土及钢筋混凝土工程					
5	010503001001	基础梁	C30 预拌混凝土，梁底标高 −1.55m	m³	208	356.14	74077	
6	010515001001	现浇构件钢筋	螺纹钢 Q235，φ14	t	200	4787.16	957432	800000
			（其他略）					
			分部小计				2432419	
			本页小计				3654915	800000
			合计				3654915	800000

工程名称：××中学教学楼工程　　　　　标段：

序号	项目编号	项目名称	项目特征描述	计量单位	工程量	金额/元		其中
						综合单价	合价	暂估价
			0106 金属结构工程					
7	010606008001	钢爬梯	U型，型钢品种、规格详见施工图	t	0.258	6951.71	1794	
			分部小计				1794	
			0108 门窗工程					
8	010807001001	塑钢窗	80 系列 LC0915 塑钢平开窗带纱 5mm 白玻	m²	900	273.40	246060	
			（其他略）					
			分部小计				366464	
			0109 屋面及防水工程					
9	010902003001	屋面刚性防水	C20 细石混凝土，厚 40mm，建筑油膏嵌缝	m²	1853	21.43	39710	
			（其他略）					
			分部小计				251838	
			0110 保温、隔热、防腐工程					
10	011001001001	保温隔热屋面	沥青珍珠岩块 500×500×150（mm），1：3 水泥砂浆护面，厚 25mm	m²	1853	53.81	99710	
			（其他略）					
			分部小计				133226	
			0111 楼地面装饰工程					
11	011101001001	水泥砂浆楼地面	1：3 水泥砂浆找平层，厚 20mm，1：2 水泥砂浆面层，厚 25mm	m²	6500	33.77	219505	
			（其他略）					
			分部小计				291030	
			本页小计				1044352	—
			合计				4699267	800000

序号	项目编号	项目名称	项目特征描述	计量单位	工程量	综合单价	合价	其中 暂估价
			0112 墙、柱面装饰与隔断、幕墙工程					
12	011201001001	外墙面抹灰	页岩砖墙面，1：3水泥砂浆底层，厚15mm，1：2.5水泥砂浆面层，厚6mm	m²	4050	17.44	70632	
13	011202001001	柱面抹灰	混凝土柱面，1：3水泥砂浆底层，厚15mm，1：2.5水泥砂浆面层，厚6mm	m²	850	20.42	17357	
			（其他略）					
			分部小计				418643	
			0113 天棚工程					
14	011301001001	混凝土天棚抹灰	基层刷水泥浆一道加107胶，1：0.5：2.5水泥石灰砂浆底层，厚12mm，1：0.3：3水泥石灰砂浆面层厚4mm	m²	7000	16.53	115710	
			（其他略）					
			分部小计				230431	
			0114 油漆、涂料、裱糊工程					
15	011407001001	外墙乳胶漆	基层抹灰面满刮成品耐水腻子三遍磨平，乳胶漆一底二面	m²	4050	44.70	181035	
			（其他略）					
			分部小计				233606	
			0117 措施项目					
16	011701001001	综合脚手架	砖混、檐高22m	m²	10940	19.80	216612	
			（其他略）					
			分部小计				738257	
			本页小计				1620937	—
			合计				6320204	800000

序号	项目编号	项目名称	项目特征描述	计量单位	工程量	金额/元		
						综合单价	合价	其中 暂估价
			0304 电气设备安装工程					
17	030404035001	插座安装	单相三孔插座，250V/10A	个	1224	10.46	12803	
18	030411001001	电气配管	砖墙暗配 PC20 阻燃 PVC 管	m	9858	8.23	81131	45000
			（其他略）					
			分部小计				360140	45000
			0310 给排水安装工程					
19	031001006001	塑料给水管安装	室内 DN20/PP-R 给水管，热熔连接	m	1569	17.54	27520	
20	031001006002	塑料排水管安装	室内 ϕ110UPVC 排水管，承插胶粘接	m	849	46.96	39869	
			（其他略）					
			分部小计				192662	
			本页小计				552802	—
			合计				6873006	845000

注：为计取规费等的使用，可在表中增设其中："定额人工费"。

6. 综合单价分析表

编制投标报价时，综合单价分析表应填写使用的企业定额名称，也可填写使用的省级或行业建设主管部门发布的计价定额，如不使用则不填写。

综合单价分析表

工程名称：××中学教学楼工程　　　　　标段：

| 项目编码 | 010515001001 | 项目名称 | 现浇构件钢筋 | 计量单位 | t | 工程量 | 200 |

清单综合单价组成明细

定额编号	定额项目名称	定额单位	数量	单价				合价			
				人工费	材料费	机械费	管理费和利润	人工费	材料费	机械费	管理费和利润
AD0809	现浇构建钢筋制、安	t	1.07	275.47	4044.58	58.33	95.59	294.75	4327.70	62.42	102.29
人工单价			小计					294.75	4327.70	62.42	102.29
80元/工日			未计价材料费								
清单项目综合单价								4787.16			

材料费明细	主要材料名称、规格、型号		单位		数量		单价/元	合价/元	暂估单价/元	暂估合价/元
	螺纹钢筋 A235，φ14		t		1.07				4000.00	4280.00
	焊条		kg		8.64		4.00	34.56		
	其他材料费						—	13.14	—	
	材料费小计						—	47.70	—	4280.00

| 项目编码 | 011407001001 | 项目名称 | 外墙乳胶漆 | 计量单位 | m² | 工程量 | 4050 |

清单综合单价组成明细

定额编号	定额项目名称	定额单位	数量	单价				合价			
				人工费	材料费	机械费	管理费和利润	人工费	材料费	机械费	管理费和利润
BE0267	抹灰面满刮耐水腻子	100m²	0.01	338.52	2625	—	127.76	3.39	26.25	—	1.28
BE0276	外墙乳胶漆底漆一遍，面漆二遍	100m²	0.01	317.97	940.37	—	120.01	3.18	9.40	—	1.20
人工单价			小计					6.57	35.65	—	2.48
80元/工日			未计价材料费								
清单项目综合单价								44.70			

材料费明细	主要材料名称、规格、型号		单位		数量		单价/元	合价/元	暂估单价/元	暂估合价/元
	耐水成品腻子		kg		2.50		10.50	26.25		
	××牌乳胶漆面漆		kg		0.353		20.00	7.06		
	××牌乳胶漆底漆		kg		0.136		17.00	2.31		
	其他材料费						—	0.03	—	
	材料费小计						—	35.65	—	

工程名称：××中学教学楼工程　　　　　标段：

项目编码	010515001001	项目名称	现浇构件钢筋	计量单位	t	工程量	200

清单综合单价组成明细

定额编号	定额项目名称	定额单位	数量	单价				合价			
				人工费	材料费	机械费	管理费和利润	人工费	材料费	机械费	管理费和利润
CB1528	砖墙暗配管	100m	0.01	312.89	64.22	—	136.34	3.13	0.64	—	1.36
CB1792	暗装接线盒	10个	0.001	16.80	9.76	—	7.31	0.02	0.01	—	0.01
CB1793	暗装开关盒	10个	0.023	17.92	4.52	—	7.80	0.41	0.10	—	0.18
人工单价			小计					3.56	0.75	—	1.55
85元/工日			未计价材料费					2.37			
	清单项目综合单价							8.23			

材料费明细	主要材料名称、规格、型号	单位	数量	单价/元	合价/元	暂估单价/元	暂估合价/元
	刚性阻燃管DN20	m	1.10	1.90	2.09		
	××牌接线盒	个	0.012	1.80	0.02		
	××牌开关盒	个	0.236	1.10	0.26		
	其他材料费			—	0.75	—	
	材料费小计			—	3.12	—	

注：1. 如不使用省级或行业建设主管部门发布的计价依据，可不填定额编号、名称等。
　　2. 招标文件提供了暂估单价的材料，按暂估的单价填入表内"暂估单价"栏及"暂估合价"栏。

7. 总价措施项目清单与计价表

编制投标报价时，总价措施项目清单与计价表中除"安全文明施工费"必须按《建设工程工程量清单计价规范》GB 50500—2013 的强制性规定，按省级或行业建设主管部门的规定记取外，其他措施项目均可根据投标施工组织设计自主报价。

总价措施项目清单与计价表

工程名称：××中学教学楼工程 　　　　　　标段：　　　　　　　　第 1 页 共 1 页

序号	项目编码	项目名称	计算基础	费率（%）	金额/元	调整费率（%）	调整后金额/元	备注
1	011707001001	安全文明施工费	定额人工费	25	209650			
2	011707001002	夜间施工增加费	定额人工费	1.5	12479			
3	011707001004	二次搬运费	定额人工费	1	8386			
4	011707001005	冬雨期施工增加费	定额人工费	0.6	5032			
5	011707001007	已完工程及设备保护费			6000			
合　计					241547			

编制人（造价人员）：　　　　　　　　　复核人（造价工程师）：

注：1. "计算基础"中安全文明施工费可为"定额基价"、"定额人工费"或"定额人工费＋定额机械费"，其他项目可为"定额人工费"或"定额人工费＋定额机械费"。

　　2. 按施工方案计算的措施费，若无"计算基础"和"费率"的数值，也可只填"金额"数值，但应在备注栏说明施工方案出处或计算方法。

8. 其他项目清单与计价汇总表

编制投标报价时，其他项目清单与计价汇总表应按招标工程量清单提供的"暂估金额"和"专业工程暂估价"填写金额，不得变动。"计日工"、"总承包服务费"自主确定报价。

其他项目清单与计价汇总表

工程名称：××中学教学楼工程 　　　　　　标段：　　　　　　　　第 1 页 共 1 页

序号	项目名称	金额/元	结算金额/元	备注
1	暂列金额	350000		明细详见（1）
2	暂估价	200000		
2.1	材料暂估价	—		明细详见（2）
2.2	专业工程暂估价	200000		明细详见（3）
3	计日工	26528		明细详见（4）
4	总承包服务费	20760		明细详见（5）
5				
合　计		583600		—

注：材料（工程设备）暂估价进入清单项目综合单价，此处不汇总。

(1) 暂列金额及拟用项目

暂列金额明细表

工程名称：××中学教学楼工程　　　　　　　标段：　　　　　　　第1页 共1页

序号	项目名称	计量单位	暂定金额/元	备注
1	自行车棚工程	项	100000	
2	工程量偏差和设计变更	项	100000	
3	政策性调整和材料价格波动	项	100000	
4	其他	项	50000	
5				
6				
合　计			350000	—

注：此表由招标人填写，如不能详列，也可只列暂定金额总额，投标人应将上述暂列金额计入投标总价中。

(2) 材料（工程设备）暂估单价及调整表

材料（工程设备）暂估单价及调整表

工程名称：××中学教学楼工程　　　　　　　标段：　　　　　　　第1页 共1页

序号	材料（工程设备）名称、规格、型号	计量单位	数量		暂估/元		确认/元		差额±/元		备注
			暂估	确认	单价	合价	单价	合价	单价	合价	
1	钢筋（规格见施工图）	t	200		4000		800000				用于现浇钢筋混凝土项目
2	低压开关柜（CGD 190380/220V）	t	1		45000		45000				用于低压开关柜安装项目
合　计							845000				

注：此表由招标人填写"暂估单价"，并在备注栏说明暂估价的材料、工程设备拟用在那些清单项目上，投标人应将上述材料、工程设备暂估单价计入工程量清单综合单价报价中。

(3) 专业工程暂估价及结算价表

专业工程暂估价及结算价表

工程名称：××中学教学楼工程　　　　　　　标段：　　　　　　　第1页 共1页

序号	工程名称	工程内容	暂估金额/元	结算金额/元	差额±/元	备注
1	消防工程	合同图纸中标明的以及消防工程规范和技术说明中规定的各系统中的设备、管道、阀门、线缆等的供应、安装和调试工作	200000			
合　计			200000			

注：此表"暂估金额"由招标人填写，投标人应将"暂估金额"计入投标总价中，结算时按合同约定结算金额填写。

（4）计日工表 编制投标报价的"计日工表"时，人工、材料、机械台班单价由招标人自主确定，按已给暂估数量计算合价计入投标总价中。

计日工表

工程名称：××中学教学楼工程　　　　　　标段：　　　　　　　　第1页 共1页

编号	项目名称	单位	暂定数量	实际数量	综合单价/元	合价/元 暂定	合价/元 实际
一	人工						
1	普工	工日	100		80	8000	
2	机工	工日	60		110	6600	
	人工小计					14600	
二	材料						
1	钢筋（规格见施工图）	t	1		4000	4000	
2	水泥42.5	t	2		600	1200	
3	中砂	m³	10		80	800	
4	砾门（5～40mm）	m³	5		42	210	
5	页岩砖（240mm×115mm×53mm）	千匹	1		300	300	
	材料小计					6510	
三	施工机械						
1	自升式塔吊起重机	台班	5		550	2750	
2	灰浆搅拌机（400L）	台班	2		20	40	
3							
	施工机械小计					2790	
四	企业管理费和利润	按人工费18%计				2628	
	总　计					26528	

注：此表项目名称、暂定数量由招标人填写，编制招标控制价时，单价由招标人按有关计价规定确定；投标时，单价由投标人自主报价，按暂定数量计算合价计入投标总价中。结算时，按发承包双方确认的实际数量计算合价。

（5）总承包服务费计价表 编制投标报价的"总承包服务费计价表"时，由投标人根据工程量清单中的总承包服务内容，自主决定报价。

总承包服务费计价表

工程名称：××中学教学楼工程　　　　　　标段：　　　　　　　　第1页 共1页

序号	项目名称	项目价值/元	服务内容	计算基础	费率（%）	金额/元
1	发包人发包专业工程	200000	1. 按专业工程承包人的要求提供施工工作面并对施工现场进行统一管理，对竣工资料进行统一整理汇总 2. 为专业工程承包人提供垂直运输机械和焊接电源接入点，并承担垂直运费和电费	项目价值	7	14000
2	发包人供应材料	845000	对发包人供应的材料进行验收及保管和使用发放	项目价值	0.8	6760
	合　计	—	—	—	—	20760

注：此表项目名称、服务内容有招标人填写，编制招标控制价时，费率及金额由招标人按有关计价规定确定；投标时，费率及金额由投标人自主报价，计入投标总价中。

9. 规费、税金项目计价表

规费、税金项目计价表

工程名称：××中学教学楼工程　　　　　　标段：　　　　　　　　第1页 共1页

序号	项目名称	计算基础	计算基数	计算费率（%）	金额/元
1	规费	定额人工费			239001
1.1	社会保险费	定额人工费	（1）＋…＋（5）		188685
（1）	养老保险费	定额人工费		14	117404
（2）	失业保险费	定额人工费		2	16772
（3）	医疗保险费	定额人工费		6	50316
（4）	工伤保险费	定额人工费		0.25	2096.5
（5）	生育保险费	定额人工费		0.25	2096.5
1.2	住房公积金	定额人工费		6	50316
1.3	工程排污费	按工程所在地环境保护部门收取标准，按实计入			
2	税金	分部分项工程费＋措施项目费＋其他项目费＋规费－按规定不计税的工程设备金额		3.41	262887
合　计					501888

编制人（造价人员）：　　　　　　复核人（造价工程师）：

10. 总价项目进度款支付分解表

总价项目进度款支付分解表

工程名称：××中学教学楼工程　　　　　　标段：　　　　　　　　第1页 共1页

序号	项目名称	总价金额	首次支付	二次支付	三次支付	四次支付	五次支付	
1	安全文明施工费	209650	62895	62895	41930	41930		
2	夜间施工增加费	12479	2496	2496	2496	2496	2495	
3	二次搬运费	8386	1677	1677	1677	1677	1678	
	略							
	社会保险费	188685	37737	37737	37737	37737	37737	
	住房公积金	50316	10063	10063	10063	10063	10064	
合　计								

编制人（造价人员）：　　　　　　复核人（造价工程师）：

注：1. 本表应由承包人在投标报价时根据发包人在招标文件明确的进度款支付周期与报价填写，签订合同时，发承包双方可就支付分解协商调整后作为合同附件。

　　2. 单价合同使用本表，"支付"栏时间应与单价项目进度款支付周期相同。

　　3. 总价合同使用本表，"支付"栏时间应与约定的工程计量周期相同。

11. 主要材料、工程设备一览表

承包人提供主要材料和工程设备一览表
（适用于价格指数差额调整法）

工程名称：××中学教学楼工程　　　　　标段：　　　　　　　第 1 页 共 1 页

序号	名称、规格、型号	变值权重 B	基本价格指数 F_0	现行价格指数 F_t	备注
1	人工	0.18	110%		
2	钢材	0.11	4000 元/t		
3	预拌混凝土 C30	0.16	340 元/m³		
4	页岩砖	0.15	300 元/千匹		
5	机械费	0.08	100%		
	定值权重 A	0.42	—	—	
合 计		1	—	—	

注：1. "名称、规格、型号"、"基本价格指数"栏由招标人填写，基本价格指数应首先采用工程造价管理机构发布的价格指数，没有时，可采用发布的价格代替。如人工、机械费也采用本法调整由招标人在"名称"栏填写。

2. "变值权重"栏由投标人根据该项人工、机械费和材料、工程设备值在投标总报价中所占的比例填写，减去其比例为定值权重。

3. "现行价格指数"按约定的付款证书相关周期最后一天的前 42 天的各项价格指数填写，该指数应首先采用工程造价管理机构发布的价格指数，没有时，可采用发布的价格代替。

参 考 文 献

［1］ 国家标准.《建设工程工程量清单计价规范》（GB 50500—2013）［S］. 北京：中国计划出版社，2013.

［2］ 国家标准.《房屋建筑与装饰工程工程量计算规范》（GB 50854—2013）［S］. 北京：中国计划出版社，2013.

［3］ 国家标准.《建设工程计价计量规范辅导》［M］. 北京：中国计划出版社，2013.

［4］ 中华人民共和国建设部.《全国统一建筑工程预算工程量计算规则（土建工程）》（GJDGZ-101—1995）［S］. 北京：中国计划出版社，2002.

［5］ 叶晓容. 工程造价基础［M］. 北京：中国电力出版社，2014.

［6］ 焦红. 工程概预算［M］. 北京：北京大学出版社，2009.

［7］ 李宏魁、宋显锐. 建筑工程预算［M］. 北京：机械工业出版社，2010.